ALSATISCHE STUDIEN

5. HEFT.

DIE

MUNDARTLICHEN ELEMENTE

IN DEN

ELSÄSSISCHEN URKUNDEN

DES

STRASSBURGER URKUNDENBUCHES

VON

DR. ERWIN HAENDCKE.

STRASSBURG.
VERLAG VON KARL J. TRÜBNER.
1894.

DIE MUNDARTLICHEN ELEMENTE IN DEN ELSÄSSISCHEN URKUNDEN DES STRASSBURGER URKUNDENBUCHES

VON

DR. ERWIN HAENDCKE.

STRASSBURG.
VERLAG VON KARL J. TRÜBNER.
1894.

Meinen Eltern.

Die Anregung zu dieser Arbeit empfing ich von Herrn Prof. Dr. Martin, der sie stets mit freundlicher Teilnahme begleitete. Es sei mir verstattet auch an dieser Stelle meinem herzlichsten Danke Ausdruck zu geben.

Einleitung.

Aufgabe vorliegender Abhandlung ist das Herausschälen des mundartlichen Elements aus den elsässischen Urkunden, die im Strassburger Urkundenbuch publiziert vorliegen. Zunächst musste für die Untersuchung ein möglichst unanfechtbares Material beschafft werden. Infolgedessen galt es eine Auswahl aus den Urkunden zu treffen. Oberster Grundsatz musste sein, nur solche Urkunden zu verwenden, die von den Herausgebern des Urkundenbuches als Originale bezeichnet werden. Ausgeschieden wurden natürlich alle Kaiserurkunden, ferner Urkunden, deren Ausstellungsort sicher weder Strassburg noch ein anderer Ort des Elsasses ist. Auch wurden die von Strassburg oder anderen elsässischen Orten, von den Bischöfen von Strassburg oder dem Adel des Elsasses mit ausserelsässischen Städten oder Dynasten geschlossenen Verträge bei Seite gelassen, da sie sich ganz eng der mhd. Schriftsprache anschliessen. Demnach haben wir es in der Hauptsache mit den beiden wichtigsten Kanzleien des Landes zu tun, mit der des Bischofs und der der Stadt Strassburg. Es wird sich sofort die Frage erheben, ob die Behandlung der Sprache in beiden die gleiche war. Die Geschäfte der Stadtkanzlei wurden gewiss von geborenen Strassburgern geführt; nicht so sicher ist das von vornherein für die Kanzlei des Bischofs. Es wird notwendig sein, die Bischöfe dieser Epoche kurz aufzuführen: es waren Walther von Geroldseck in der Ortenau 1260—1263; Heinrich IV. von Geroldseck an dem Wasichen 1263—1273; Konrad III. von Lichtenberg 1273—1299; Friedrich I. von Lichtenberg 1299 bis 1306; Johann von Dürbheim 1306—1328; Berthold II.

von Buchegg 1328—1353. Selbst Elsässer, oder doch wie Berthold von Buchegg Alemannen, hatten sie keinen Grund, fremde Schreiber in ihre Kanzlei zu bringen und damit fremdsprachlichen Einflüssen Zutritt zu gestatten. Diese Ansicht wurde bestätigt durch eine genaue Untersuchung der Mehrzahl der aus den bischöflichen Kanzleien stammenden Urkunden. Es stellte sich heraus, dass zwischen der Kanzlei der Stadt Strassburg und der des Bischofs eine wesentliche Differenz in der Urkundensprache nicht existiert. Lediglich konnte constatirt werden, dass die Aufnahme mundartlicher Elemente in die Urkundensprache meistens bei beiden zu. verschiedenen Zeiten stattfand, doch so, dass sie sich in der Führerrolle ablösten. Diese Untersuchung kann hier nicht in ihrer Ausführlichkeit wiederholt werden: ein Nachschlagen einiger Belegstellen wird jeden von der Richtigkeit dieser Behauptung überzeugen. Es sei hier hingewiesen auf Nr. 493 des 1. Bandes des Strassburger Urkundenbuches. Dasselbe gilt auch von ihrem Anteil an der historischen Schreibung, von der mehrfach die Rede sein wird.

Aber innerhalb der städtischen Kanzlei macht sich ein kleiner Unterschied in der Behandlung der Urkundensprache bemerkbar. Schon ein flüchtiges Durchsehen der Tabellen der Alsatismen zeigt, dass eine Anzahl mundartlicher Elemente in den Privaturkunden (Bd. III) früher und in grösserer Zahl auftreten als in den politischen Urkunden (Bd. I, II). Andererseits bewahren sie die historische Schreibung länger als jene. Es scheint demnach, dass man auf die Privaturkunden weniger Sorgfalt als auf die politischen verwandte, wenigstens was die Handhabung der Sprache betrifft. Dies ist auch schon dem Herausgeber derselben, A. Schulte, aufgefallen, zumal sie stets sehr sorgfältig geschrieben seien (s. Einleitung des III. Bd., p. XXXI—XXXII).

Für den Gang der Untersuchung sei noch einiges bemerkt. Bei jedem Laut sind zuerst Beispiele der regelmässigen und auch am häufigsten vorkommenden mhd. Formen gegeben. Vollständigkeit der Belege wurde natürlich bei demselben nicht erstrebt, ausser bei besonders wichtigen Fällen, wenn

z. B. die mundartliche Form die regelmässige schon in den Urkunden verdrängt hat. Vollständigkeit der Belege wurde erstrebt bei den mundartlichen Elementen sowie in Fällen der historischen Schreibung. Bei diesen wurde die zeitliche Reihenfolge strenge festgehalten in der Aufzählung der Belege, um ein möglichst getreues Bild von dem allmäligen Eindringen der Mundart in die Schriftsprache zu liefern. Nur selten wurde davon Abstand genommen und ein Wort zu einer Gruppe von Jahren aufgeführt statt zu jedem Jahr besonders. Wie in den ersten Jahren deutscher Urkundung eine Fülle von Fällen traditioneller Schreibung neben der regelmässigen Form oft in derselben Urkunde stehen, so auch später Alsatismen neben den Fällen des reinen Urkundendeutsch. Erst um die Wende des 16. Jahrhunderts wird die Mundart herrschend, wenigstens nach den Strassburger Zunft- und Polizei-Verordnungen ed. Brucker zu schliessen.

Noch ein Wort über die weiteren benützten Quellen. Lediglich zur Ergänzung der Belege wurden das Cartulaire de Mulhouse und das Rappoltsteinische Urkundenbuch herangezogen. In ihnen kam nichts Mundartliches vor, das nicht seine Parallele im Strassburger Urkundenbuch hat. Es war notwendig, da das urkundliche Material ausserordentlich formelhaft, sowie inhaltlich gleichförmig ist, andere, gleichwertige Quellen zur Untersuchung heranzuziehen. Für das 14. Jahrhundert fliessen dieselben reichlich. Ihr Wert steht auf gleicher Höhe wie der der Urkunden, denn die sämmtlichen hierhergehörigen Schriften lagen in den Originalhandschriften den Herausgebern vor. Besonders wichtig ist der Parzifal des Claus Wisse und Philipp Colin, der 1332—1336 von diesen beiden Strassburgern verfasst wurde. Es ist das einzige poetische Denkmal aus diesem Jahrhundert. Sind ihre Reime auch nicht durchaus einwandfrei, so bieten sie doch Belege genug für wichtige Erscheinungen des Dialektes, um vereinzeltes in unseren Urkunden sicher zu stellen, anderes wirksam zu ergänzen. Vollständig sicher bezeugt wird ein mundartlicher Vorgang dann für uns sein, wenn die alte regelmässige Lautform auf die neue mundartliche reimt z. B. â : ô; ie, üe : î; û : i etc., denn hier setzte der Schreiber voraus, dass der Leser ohne weiteres für die mhd. Form seine mundartliche einsetze. Weiterhin steht uns eine reiche prosaische Litteratur zu Gebote. Da sind die Schriften Rulman Merswins. Von uns wurde hauptsächlich sein „Buch von den neun Felsen“ (1352) benützt, das Ch. Schmidt nach des Verfassers Autograph herausgegeben hat. Vorsicht war auch bei ihm vonnöten: eigentümlich war der Mann in seinem Leben, Eigentümlichkeiten weisen auch seine Schriften auf. In der zehn Jahre später vollendeten Chronik Closeners sind von den mundartlichen Elementen streng solche Fälle zu scheiden, die fremdsprachlichen (natürlich von der Mundart aus) Einfluss zeigen; so vor allem â > au. Königshofen, frei von solchen Dingen, gestattet auch der Mundart mehr Spielraum als sein Vorgänger. Sehr wichtig ist ferner Konrad Dankrotzheim, der zwar nicht in Strassburg wie alle bisher genannten Gewährsmänner zu Hause war, sondern im benachbarten Hagenau. Um festzustellen, wie weit die in den Urkunden und den anderen Schriften vorkommenden mundartlichen Elemente mit der heutigen Mundart übereinstimmen, war das Heranziehen von Arnolds Pfingstmontag, dem klassischen Denkmale des heutigen Dialektes, unerlässlich (vgl. Brandstetter: Kanzleisprache 1250—1600. § 30). Massgebend bei dieser Vergleichung war der Satz Brandstetters: „Wenn ich in einer Urkunde eines verflossenen Jahrhunderts etwas Sprachliches finde, das sich mit der heutigen Mundart deckt, so darf ich wohl ohne weiteres sagen, Mundart hat dieses Sprachgut unter jenem Datum schon besessen“ (a. a. 6. § 30).

A. Vocalismus.

§ 1.

a.

a) mhd. Standpunkt.

vatter I 359, 362, 389, 463, II 218 etc., ersamme I 406, II 32; im, mit nammen I 382, II 141; gesammcnt III 22, 26, 41, 70, 93, 108 etc.

b) Widerstand gegen den Umlaut.

1264 abtissin, geginwartigen I 444; 1270 gegenwartigen III 10; 1271, 1279 verandert III 15, 42; 1283 verandern II 69; 1293, 1295 verandcrt III 93, 104; 1295 gevallet III 106.

Ausserdem sind die verschiedenen Formen von schadigen bis an das Ende unserer Periode zahlreich belegt.

Anmerkung. Eine Anzahl Belege gewährt der Parzifal: p. 255 jagere, 354 schadigen, 361 geschadiget, 574 schadige, 602 jagerknecht, 661, 830 geschadiget.

Closener wie Königshofen weisen anderunge, andern, haltet auf.

Zu Brant vgl. Zarncke p. 270.

Wolfhart Spangenberg:

Ganskönig p. 17 glantzent.

Zu Arnold vgl. Sütterlin §§ 46, 52.

c) a > e.

1262 Welther I 381; 1297 Welther III 117; 1300 flesche II 184 1302, 1321, 1322, 1323, 1329 Welther II 193, 359, 366, 367, 456.

Anmerkung: Weitere Belege bietet: Parzifal: p. 4, 31 geweschen, 185 weschen, 702 geweltiklich.

Closener, Königshofen, Brant sowie Arnold weisen diese Formen auf, die auch in der heutigen Mundart existiren. Hoffmann constatirt diesen Umlaut für Baselstadt ebenfalls (s. Hoffmann: Vocalismus von Baselstadt § 176.).

Paul: Mhd. Gr. § 40, Anm. 9 sowie Behaghel: Geschichte der deutschen Sprache § 24 sehen den Umlaut von flesche, desche als durch sch bewirkt an. Kauffmann: Geschichte der schwäbischen Mundart hält sie für in den Singular gedrungene Pluralformen, was indessen weniger wahrscheinlich ist.

d) a > o.

1314 wonde II 270, won II 269; 1315 older (2) II 282; 1319 fürjoch II 345; 1331 sproch III 390. Vgl. Weinhold: Alem. Gr. p. 27, 95.

§ 2.

â.

a) mhd. Standpunkt.

1261 irlazen, rat, ane, jar, waren; 1261 mantag; 1273 warent; 1312 gan, iare III 220; 1313 stat II 259; rat, jare, ane II 259; 1314 jar, getat, getan, rate, stat, gat, gan, ane II 267; 1315 stant, angat, lagent, getan, ane, stat II 273; 1316 gedan II 298; 1318 getan, ane gan, iar II 313; 1318 gant, jar, stat, jares II 315/16; 1319 jare II 339, stat, getan, ane, jar II 343; 1321 jar, warent II 355; 1327 iar, (2) III 353; 1328 iar, rat, verstant, stat, gan III 365, stant III 369; 1329 anesprache, ane, war, stat II 453; 1331 jares II 480.

Anmerkung: Die von Sütterlin, § 40, hervorgehobene Kürze von hân scheint schon bis in diese Zeit zurückzureichen:

Parzifal:

p. 3, 20 han — man,
p. 57 nieman — han, 78 han — man,
p. 90, 97 han — man etc.

Ebenso umgekehrt die Längung des a in nacht: Parzifal p. 226 nacht — bracht. Vgl. Brant p. 276.

Vollständigkeit der Belege für â wurde erst von 1312 an erstrebt, da von da an ô immer mehr an Umfang gewinnt.

b) â > ô.

1276 worent, ior, Jocob, rotzherren III 27; 1279 enphohet III 42; 1280 nohe III 45; 1283 enphohen II 59; 1290 worent III 80; 1292 wor, dotent II 141; 1302 donoch, worent III 148; 1305 spittol III 173, wor, noch, verriohent, spittol, worent III 174; 1308 worent III 188 jor, phingestobende II 217 III 194; 1310 worent III 208; 1312 worent III 215, 220, 221, wor III 220; 1313 gon II 259, worent II 260, worent III 225, 228, 233; 1314 worheit II 262, worent, wor II 265, logent II 267; 1314 widerton II 267; 1315 rât II 279, 283, 286 wârent II 286; râtluten II 280; 1316 donoch, stot, stont, vohende, jores erlot; gedon, one II 298; stot II 299, rât III 260; 1318 usgont II 315, woren (d. sg.) II 316, jor II 329 stot II 313 rât II 314; 1319 rât, Strâsburg II 334, anesproche II 343; 1319 jâre II 339, 344; worent, sohent II 345 wor, geton II 336, rât II 337, 338, 339; rote, geton II 345; 1320 harnoch, getot II 345; 1321 stât, âne, jâr II 355; 1327 wor, noch III 359; 1327 worheit, one, broht III 360; 1328 geton III 365; 1329 jor (3) II 453; 1331 worent III 396; 1331 geton, jor, one II 480.

Anmerkung: Zahlreiche Belege bietet der Parzifal, von denen nur die kleinere Anzahl angeführt werden kann.

Parzifal:

p. 1 strosen — masen, 2 ston — won, 4 gon — geton, 11 male — grole, 15 woren — sunder voren, 18 won — schon, 23 wor — offenbor, 25 jor — wor, 27 misseton — ston, 28 gegon — geston, 38 geton — Gawan, plon — Gawon, 44 not — rot, 46 geton — gon, gon — lon, 48 won — began, 56 fürwor — zwor, 58 geton — plon, 64 hor — clor, 67 han — gelon, 71 won — hon, 79 brochent — stochent, 92 jor — wor, 109 sosent — vergosent, 117 tote — kemenote, 145 rat — getot, 149 hor — clar, 176 lot — hot, 189 broht — bedoht, 223 plon — ston, 233 plan — geton, 267, wot — bliot, 286 bor — wor, 301 sohent — johent, 400 hon — gon, 510 quole — zemole, 544 gehon (p. p.) — ergon, gehon (inf.) — geton, 610 zemol — mol, 651 won — capelon, 788 arzat — rot, 800 arzot — not,

ferner im Versinnern

p. 1 logent, 6 odern, bore, 7 grole, worheit, 10 cloftern, worent, 12 rot, mog, 18 oventüre, 21 totent, 23 strose, 26 genoden, 27 jomer, 33 gewopent, 44 gnode, 46 slofen, wond (3. sg.), 49 strofent (1. pl.), 66 versmohete, otem, 101 noher, 229 ozent, 227 gewopent, 289 sigelot, 310 sloferen, 325 gemolt, 391 underlos, 403 schofzovel, 411 tovel,

hie und da bewahrtem â z. B.:

p. 26, 35 bare, 41 jaren, 80 tavelrunden, 63, 95 plan, 107 plan — wan, 118 jamer, 134 ergat, 141 stant etc. kann ein Lautwert nicht beigelegt werden.

Cartulaire de Mulhouse:

1346 des moles I 195, emolen I 199, ze mole I 202.

Rappoltsteinisches Urkundenbuch:

1341 ansproche I 394, geschohen I 395; 1351 geton I 494; 1352 omen I 498, harnoch I 508; 1352 broht, geton I 508; 1355 geton I 530;

Ruhlman Merswins Buch von den neun Felsen:

p. 4 stont, gelosen, 5 lon (3 pl. prs. ind.); 5 erlos (imp.), gnode; 9 fürgon, 11 onne mose; 11 worent, logent, noch; 18 gedohthe, wogen, ston; 21 cardenol, ioren, gnode; 34 ostúre, dottent, gefroget; 36 grofen, noment, wogentent, thottent; 57 fúrsmoher, lot; 60 ploge; 103 noheste; 142 schof; 143 fúrstont.

Elsässische Predigten (1362) in Alemannia I p. 60—87; 186—194; 225—250 haben neben â schon zahlreiche ô z. B.:

gont, strossen, woren, broht, gnode, lossen, begon, geton, dotent, noment, ston, fürwor, wondent, gedohthe, sprochent, sohent etc.

Closener:

p. 41 ostür, bobste, strossenrouber, worent, 41 grove, rote, vernoment, 42 jores, worent, Strosburg, ze mole, dotent, 43 Swobe,

lon, 44 broht, gelossen, 46 hon, gnode, 55 Broge, 82 jomer. Daneben zahlreiche â.

Königshofen:

p. 802 frogete, Strosburg, 803 versmohete, 807 belogent, ufgobent, grove, 814 bobest, 832 genosent.

Konrad Dangkrotzheim's Namenbuch:

vers 40 offenbor — jor, 42 gont — stont, 52 bobst, 63 uffstot — tot, 72 klorheit, 80 brohte, 111 brohte, 114 enphohest, 125 davor — offenbor, 142 gon — volleton, 148 strossen — lossen, 153 jormerkt, 162, 174 bobest, 181 begobet, 256 schoff, 282 Proge -- woge, 367 wot, lont, 380 obent — gobent, 412 jor — vor, 409 broht, brotwurst, 425 broten, 436 rückgrot, 488 jor — vor, 487 lo (imp.), 504 sloffet, 525 vor — jor, 555 strofbares, 556 stroffs.

Brant ed. Zarnke p. 269, 277. Vgl. Weinhold. Alem. Gr. p. 44, 45, 100. Paul: Mhd. Gr. § 112.

Kein Lautvorgang ist so zahlreich belegt wie dieser. Bei keinem ist der Widerstand der Urkundensprache ein so hartnäckiger als bei diesem: zwar weist das Strassburger Urkundenbuch eine Menge Belege auf, aber ô ist noch lang nicht herrschend, was der Fall hätte sein müssen, wenn man der lebenden Sprache Rechnung getragen hätte, wie es der Parzifal in diesem Punkte tut. Aus ihm, wie aus den anderen citirten Schriftwerken ist ersichtlich, dass im Dialekt ô vollständig durchgedrungen war, derselbe also schon auf dem Standpunkt der heutigen Mundart stand. Dieser wird von Sütterlin § 32 dahin bestimmt: (mhd â und mhd. ô) „diese beiden Vocale sind in der Mundart als langes o zusammengefallen." Vgl. Hoffmann: Vocalismus von Basel-Stadt §§ 169, 170.

Interessant sind die Fälle, in denen die Schreiber beide Formen, die der Schriftsprache und die der Mundart, bieten: råt etc. Dieses Verfahren, auch bei den Endungen angewandt, ist wichtig zur Beurteilung des Wertes derselben.

c) â > au. (In den Urkunden u über a geschrieben.)

1262 aune, aun I 382 $^{20, 23}$; 1264 getaut I 423 ^{7}; 1264 getaun I 423 ^{21}; aun 432 ^{22}, getaun 433 ^{1}, aun 423 ^{11}; 1264 widertaun I 423 ^{18}; 1267 verlaun, getaun, getaut II 7; 1275 aun II 30; 1283 staut II 59; 1283 gnauden, aun II 59; 1292 angaut II 140, aun II 141; 1319 aun II 335; 1321 anstaut, aun II 359, aun (2) II 360; 1326 aun II 413; 1328 maug II 438; 1329 staunt II 445; aun, underlausz II 445.

Diese Formen finden sich nur noch bei Closener: p. 79 schlouf, 80 sauhent, 105 nauch, 111 ufstaun, 123 raut. Vgl. Weinhold: Alem. Gr. p. 52, 102, 107. Kauffmann: Geschichte der schwäbischen Mundart § 60.

Wir haben zweifellos fremdes Gut vor uns: der Vorgang ist nicht elsässisch, sondern schwäbisch.

§ 3.

æ.

a) mhd. Standpunkt.

stete, burgere, selig, schuldenere, arcwenig, nebist.

Beispiele mit æ sind im Urkundenbuch nicht vorhanden, da stets nach mitteldeutscher Art e gebraucht wird.

b) æ > ei.

1328, 1329 steite II 436, 440, 450, 456, gedeite (g. sg.) geteite (g sg.) II 435 (2), 436, geteite (g. sg.) II 456, deitent wir II 456, 469; 1330 steite II 468, 469, 470, 475 geteite II 468; 1331 seilig III 390.

§ 4.

e.

a) mhd. Standpunkt.

scheffel, Elsaze, hertzogen, zwelfbotte, henken.

b) e > ei.

1262 Eilsaze, geveillet I 373, pheinden, zweilve I 374, heinken I 375; 1275 Eilsbethen III 27; 1312 zweilf, zweilfbotten II 252; 1314 zweilften II 263; 1315 geigenwertig II 262, teigeding II 280; 1327, 1331 zweilfbotten II 437, 479.

Anmerkung. Belege bieten ferner
Cartulaire de Mulhouse:
1316 eidelknehte, einkein, einphahen, heinken (1 pl. Prs.) I 121.
Rappoltsteinisches Urkundenbuch:
1283 gedeinken, Eilsenheim I 121.
Königshofen:
p. 721 Eilsas; 721, 724, 725 geweilbe, eilteste; p. 830 eilter. Vgl. Zarncke zu Brant p. 268.

c) e > o̊.

1272 zwo̊lfbotten III 17; 1284, 1285, 1295 fro̊mede III 56, 71 etc.; 1312 zwo̊lften II 251; 1318 scho̊ffels III 275.

Anmerkung: Weitere Belege bieten:
Cartulaire de Mulhouse: 1327 frömede I 101.
Parzifal:
p. 36 geschöfede, 129 mönsche, 147 röschlich, 165 frömede, 195 geschöpfede, 207 frömden, 208 frömde, 235 töpit, 285 frömde, 294 mönsche, 322 frömde, 350 gehöftet, 382, 623 mönsche, 677, 716 frömede.
Merswin: p. 1, 2, 3 etc. frömede.

Closener: p. 82 öbene.
Königshofen: 232, 328, 776 geschölle. Vgl. Brant p. 268. Weinhold: Alem. Gr. p. 30, 96.
Kauffmann: Gesch. d. schwäb. Mda. § 63 Anm. 2.

§ 5.

ë.

a) mhd. Standpunkt.

annemment, gebetten, kirchsbelle, nemen.

b) ë > ei.

1262 geilt, heilfer I 374; 1319 jeinre II 335; 1320 drüzeihen II 345.

c) ë > a.

1262 har uber I 383; 1263 unce har I 390; 1270 harbraht III 9, uncehar III 10: 1273 haran III 19, 1288, 1289, 1308, 1314, 1319, 1321, 1322, 1325, 1327 har, haruf, harnach.

Daneben findet sich auch die Form her:
1263 unzher I 395; 1292, 1316 heruber II 293, 144; 1319 untze her II 337.

Anmerkung: Zahlreiche Belege in Parzifal:
p. 17, 56, 77, 250, 288 etc. har; 207 harus, harfür; 51 har — war, 54 gar — har, 140 har — war, 151, 226 har — gar; 198, 287 gar — har; 158 liehtgevar — har.

Königshofen und Brant bieten Belege für har wie her.

d) ë > i.

1261, 1263, 1264 lidic I 374, 403, 405, 409 etc.; 1267, 1271, 1277 lidic II 6, III 13, 21, 34; 1298, 1302, 1310 lidic III 149, 205 etc.; 1324 gewichselt III 318.

Weinhold: Alem. Gr. p. 24. Kauffmann Geschichte der schwäb. Mundart § 69b.

Anmerkung: Beispiele bieten Parzifal:
p. 9 lidig, 75 lidekliche; 86, 145, 232, 247, 322, 330, 400, 571, 683, 688 lidig; 364 lidiklich.

Ebenso öfters bei Merswin und Königshofen.

Die Beurteilung der e-Laute wird sehr erschwert dadurch, dass für alle unterschiedslos e als Zeichen gebraucht wird. Aus dem Parzifal, der sich im allgemeinen an die mhd. Tradition hält, kann man wenig entnehmen. Nur in einem Punkte lässt er eine sichere Antwort zu. Die Mundart von Basel-Stadt besitzt noch heute langes und geschlossenes ê, während die Strassburger diesen Laut nur lang und offen aufweist. (Vgl. Hoffmann § 151, Sütterlin

§ 31). Wenn nun der Parzifal Reime wie p. 7 mere (comp.) — spere (ê : ë), p. 100 der (g. Pl.) — mer (ë : ê) hat, so wird man wohl annehmen dürfen, dass die Mundart schon damals ê lang und offen gebrauchte. Um so mehr als gerade in Bezug auf die e-Laute der Parzifal sich noch eng an das mhd. Princip der Reimreinheit anschliesst.

Den Beispielen von e zu ö steht bei Merswin ö zu e gegenüber: p. 14, 38, 40, 46, 60 gettelich, 60 gespette, 64, 141 serclich (vgl. Weinhold Alem. Gr. p. 93). Ebenso findet sich e für œ bei Merswin p. 4 geheret, besen. p. 23, 28 clester; 48, 90 bese (vgl. Weinhold Alem. Gr. p. 99). Vielleicht hatte ö wie e schon den Lautwert des heutigen kurzen offenen (Sütterlin §§ 3, 26, 29) und œ den des langen offenen e-Lautes (Sütterlin §§ 12, 31).

§ 6.

i.

a) mhd. Standpunkt.

gefriden, erwirdig, wirt, wirtinne, zwischen, hinder, wir.

c) i > ü, u. (die Urkunden haben meistens u mit i darüber, was hier durch ü wiedergegeben ist.)

1279 würtes, sübencig III 41; 1287 hünder III 67; 1296 gehülle II 159; 1299, 1300 würtin III 131, 134; 1302 würt (3. Sg. Prs.) II 19; 1304 zwüschen III 194; 1305, 1306 würtinne III 174, 177; 1306, 1308 würtin III 177, 189; 1309 zwüschen III 194; 1312 zwüschent II 250; 1315 üns, würtin II 286, III 242, 246; 1316 würt (3. sg.) II 299; 1321 würt (3. sg.) II 361; 1325 zwüschent, vürt (3. sg.) II 407, 408, 409, 435; 1327 zwüschent, süben II 423, III 353.

1261 zwur I 356, entswuscen I 364; 1262, 1263 sturbet, entzwuschen I 367, 378, 398, 403; 1263 wurt (3. sg.) I 390, 406, 409; 1264 wurt (3. sg. Prs.) I 415, 419, 420, 424, 434: 1265 wurt (3 Sg. Prs.) I 445; 1267 wurt (3. sg.) II 4, 9; 1269, 1270 wurtes III 6, 10, wurtinne III 6, 10, 13; 1274 wurtin III 22, sturb II 21; 1282, 1287 wurtinne III 53, 66; 1279, 1282, 1286, 1287, 1288, 1290, 1291, 1292, 1295, 1298, 1308, 1310, 1312, 1314 wurtin III 41, 53, 65, 66, 70, 77, 84, 104, 129, 189, 205, 208, 220, 236; II 141, 143; 1292 wurt (3. Sg. Prs.) II 143; 1288, 1292, 1310 wurt (n. sg.) III 70, 88, 209; 1313 wurt (3. Sg. Prs.) II 257; 1314, 1315 wurt (3. Sg. Prs.) II 257, 262; 1315 wur II 283; 1316 wurste II 293; 1328 wur III 360; 1330 hunder III 382.

Vgl. Weinhold: Alem. Gr. p. 31, 96.

Anmerkung: Zahllose Belege bieten: Parzifal: p. 3, 9, 15, 18, 19, 21 etc. würt, p. 5 wüssent, p. 45, 107, 108 etc. nüftel, p. 49 nümme, p. 62 gewünnet. p. 97, 208, 662, 675 zwüschent. p. 149 verwürren, 179 süben, 204 würste, 215 wüschen, 227, 215, 391 würt (3. Sg. Prs.); 273, 741 würser, p. 548 würtes, 606 zwürent.

Closener:

p. 18, 114 würt (3. Sg. Prs.), p. 53 würdecliche, 55 hündersten, 148 würtinne, 150 würdet (3. Sg. Prs.).

Königshofen:

p. 754 hünder, 807 zwüschent, 816 erwüschetent, 434, 595, 678, 846 hünderste.

Merswin:

p. 54, 84 nümme, 102 gehündert, 139 hünder.

Konrad Dangkrotzheim:

vers 209 sübensleffer, 327 geswüsterde, 450 hündennoch, 508 darhünden, 532 wüschet.

Rappoltsteinisches Urkundenbuch:

1295 wůssenthaft I 154; 1311 würtes I 203; 1315 würt (3. Sg. Prs.) zwůschent I 230, 235, 236; 1320 zwůschent I 262; 1325 erwůrdigen I 281; 1345 zwůschent I 445.

Cartulaire de Mulhouse:

1333 zwůschent I 144, 145; 1336, 1346 zwůschen I 184.

Besonders häufig ist dieser Vorgang vor r, n, sch, tritt jedoch auch vor anderen Lauten so zahlreich auf, dass von der Formulirung eines Gesetzes in dieser Hinsicht Abstand genommen werden muss. Man wird vielmehr annehmen müssen, dass i (i, ī) bereits sein ganzes heutiges Verbreitungsgebiet inne hatte. Denn u, ü geben nur den i-Laut wieder. Diese Ansicht findet ihre Stütze in der Wiedergabe des ie durch i wie ü (brif, vůre § 15 b, c). Weiter geht daraus hervor, dass ie schon monophthongirt war (Sütterlin § 36). Entsprechend steht i für ü in vir, entwirten (vgl. § 11 b); sowie für iu in der Endung des Nom., Acc. Pl. Neutrius des Adjectivums (vgl. § 36) vieri, fünfi, nuni, alli (s. Sütterlin § 109). Ferner ist u für iu auch nur andere Schreibung, somit ebenfalls in den i-Laut übergegangen (Sütterlin § 35). Vgl. Braune Ahd. Gr. § 48 Anm. 1. Umgekehrt wird auch ü für ī verwendet: misschellü II 288, 289, zwůfel II 145, sowie i, wie die oben angeführten Beispiele beweisen. Reimbelege gewährt erst Konrad Dangkrotzheim für ü > i vers 188 rüsten — baptisten, 318 regelsbir — harfür, 326 kint — frünt;

für iu > i

vers 119 erlühter — bihter; 312 vorvir — gehür; 442 güder — snider.

Damit wäre auch die scheinbare Willkür, die die Schreiber in den Vocalen der Präfixe und unbetonten Silben walten liessen, erklärt: i, u, ü bezeichnen in der That nur denselben Laut, das i. Streng zu scheiden hiervon ist ü Verdumpfung des u, das die von Kräuter Alemannia IV 255 vermisste Parallele zu û > ü (Sütterlin § 17) ist: In der heutigen Mundart entspricht mhd. u ein kurzes offenes u (Sütterlin § 28): wann dieser Wandel des u zu ü aus der Mundart geschwunden ist, lässt sich nicht feststellen.

Der Reim kint — frünt bei Dangkrotzheim beweist, dass frünt schon wie heute kurz war (Sütterlin § 40, Hoffmann, Vocalismus von Basel-Stadt §§ 148 a, 198). Brant gewährt zu dem Wandel des ü, ie, iu zu i, î zahlreiche Belege, vgl. p. 278, 279. Reime wie 99, 194 schifflütt — stritt, 110, 50 zyt — stritt zeigen, dass diese beiden Worte zu seiner Zeit wenigstens schon gekürzt waren (Sütterlin § 40).

Besondere Beachtung verdient noch die in den Urkunden oft belegte Form wurt (3. Sg. Prs.): 1263 wurt I 406[19,35], 409[19], 1264 wurt I 419[19], 420[24], 424[30], 434[16], 1265 wurt I 445[32,34]; 1267 wurt II 4, 9: 1292, 1313, 1314 wurt II 143, 257, 262; 1315 wurt II 286. Diesen Formen mit u stehen gegenüber regelmässige mit i: 1262 wirt I 308[12]; 1300, 1314, 1315, 1316, 1318, 1323, 1325, 1327 wirt II 178, 255, 286[1], (in gleichzeitiger Copie) 300, 314, 378, 427 sowie mit ü: 1302, 1316, 1321, 1325 würt II 192, 299, 301, 408, vürt II 407. Dem heutigen Dialekt entspricht die Form wurt. Es lässt sich bei der eben entwickelten Sachlage, wie sie sich bei der Betrachtung des i ergab, schwer feststellen, ob in wurt thatsächlich die der heutigen Mundart geläufige Form zu sehen ist.

d) i > e (übermässige Brechung nach Weinhold; doch dürfte a das ursprünglichere gewesen sein).

1300, 1301, 1304, 1307, 1308, 1314, 1317 sunichten, sungehten II 178: III 140; II 208; III 185, 189; II 263; III 360. Weinhold Al. Gr. p. 18.

e) i > ie (meist vor r, von 1329 an steht e über i).

1262 dierre I 367, 372, 377; 1263 ierret I 383: 1307 ier III 184; 1315 geschrieben II 313; 1316 zieln II 290; 1319 gericht II 338; 1321 mienen, miene II 360; 1329 irme (d), iren (d) II 442, 445; ieren II 456, 458; 1330 wier II 468, 475; 1331 ierme III 390. Vgl. Weinhold: Alem. Gr. p. 61, 105. Braune Ahd. Gr. § 31 Anm. 5. Paul und Braune Beiträge XIV 475, 519; Kauffmann, Geschichte der schwäb. Mda. § 75 Anm. 1. Sütterlin § 41 d.

§ 7.

î.

a) mhd. Standpunkt.

giselschaft, vriheit, gisel, vritag.

b) î > ie.

1261 frietage I 437, 448, 464; vrietage I 405, 430; 1283 sie, ensie II 59; 1285, 1288 frietage III 60, 99; 1288 frietage II 99, III 70; 1292, 1314 sie II 141, 265, vgl. Weinhold: Al. Gr. p. 62, 89. Merswin hat p. 3 diener; 7, 16, 23, 26, 36. 37 diene.

§ 8.

o.

a) mhd. Standpunct.

virbotten, zwelfbotte, bischof, vogt, obe, offenliche.

b) o > u.

1262 ube I 363; 1312 Suffyen III 220.

Anmerkung: Einige Belege im Rappoltsteinischen Urkundenbuch: 1289 mittewuchen I 134; 1290 kumment I 139; 1345 mitwuchen I 446; 1350 phingestwuchen I 479. Konrad Dangkrotzheim: vers 421 wucheliche. Vgl. Sütterlin § 52.

c) o > ou. (Die Urkunden haben u über o)

1262 bischouf I 373, 374; 1263 vout I 404, 405; 1271-1291 vout II 26 27, 63; III 13, 21, 41, 47, 77: 1297 houf III 121; 1314 landvouget II 268; 1318 ouffenliche II 314. Vgl. Weinhold: Al. Gr. p. 67. 107.

Anmerkung: Nur noch bei Closener, z. B. 74 pfausten, und bei Königshofen 803, 813 landvougt, 867 houltz zu finden.

d) o > ö.

1315 ôder II 283, 286; 1318 oder II 313, ôbe II 315; 1329 Clôbeloch II 445.

Anmerkung: Es ist noch zu vergleichen Parzifal p. 37 gezögenlich, 38 zörnlich, 42, 43 öder, 671 sörclich, 711 zörnlich, 754 öder, 786 zörnlich, 805 öder. Vgl. Weinhold Al. Gr. p. 29, 95.

§ 9.

ô.

a) mhd. Standpunkt.

clôster, ôsterwoche, kôrbischof, trôstunge.

b) ô > â.

1288 zwâ III 72 11. Vgl. Weinhold: Mhd. Gr. § 336.

§ 10.

u.

a) mhd. Standpunkt.

sunderlingen, under, kunt, sun, munt, sungihten.

b) u > ü. (In den Urkunden ausgedrückt durch ein über u geschriebenes i, hier wie in § 6 durch ü wiedergegeben.

1261 süngihten I 354; 1264 ünder I 434; 1272 sün (n. sg.) III 17; 1285 sünderlingen II 63; 1287 sünegiht III 67; 1288 stiefsüne (n. sg.) III 69; 1289 ünder III 73; 1299 sün (n. sg.) süniehten III 131; 1290 ünze III 77; 1300 verwündet, wünden, besserünge, küntlich II 179, hündert II 180, süniehten II 178, sün (n. sg.) II 184; 1300, 1301 drümbe II 178, 191; 1301, 1304, 1307, 1308 süniehten II 203, III 140-189; 1307 sünes (g. sg.) III 184; 1310 sünes (g. sg.) III 208; 1312 sünderliche II 250; 1314 schüldig, schülthiesze II 270, unbetwüngenliche II 271, 269: 1314 ürtél III 270, süniehten II 263, 267: 1315 üns brûch II 286, 287, künt II 280; 1316 ünder II 300, hünderste II 300; 1317 süngehten III 260; 1318 münd II 313; 1319 sün (n. sg.) II 343, drücehenhündert II 336; 1323 sünes III 303, 304; 1325 üns, ünsere II 411; 1326, 1327 sünderlingen II 421, 428; 1327 sün (n. sg.) II 436; 1328 phünt II 444; 1329, 1330 münt wider münt II 456, 469; 1330 sünnendag II 475, künt ürkunde II 473.

Anmerkung 1: Wie verbreitet diese Erscheinung war, lehren die zahlreichen Beispiele:

Rappoltsteinisches Urkundenbuch:
1298 kúnt I 166; 1315 sûnjehten I 229; 1315 únder I 236; 1318 úns, únser I 253: 1331 úns, únser I 314, şúnderlichen I 315.

Cartulaire de Mulhouse:
1346 súnderlich I 195.

Rulmann, Merswin:
p. 102, 129, 138 sünderlinge.

Parzifal:
p. 12 ünderlas, 23 erhüngern, 25 ürhüngern, 44 erhüngert, 81 türnei, 67, 90 sünder, 93 ümbe, nüt, 107 würdent, 108 sünderlingen, 132 würdent, 176, 744 kümberlich, 197 ermündert, 213 sünder, 269, 341 ünder, 273, 419, 455, 456, 489, 505 wünderlich, 504 sünder, 518, 531, 602, 625 wünderlich, 665, 701 wünderlich, 578 sünderlich, 580, 678 ünderlos, 761 tügenthaft.

Closener:
p. 76 sün, 140 ürtel, 144 ürlügetent, 146 sünder, 147 tügendhaft.
Zu Brant vgl. p. 277.

Im heutigen Dialekt entspricht kurzes offenes u dem mhd. u (Sütterlin § 28). Vgl. Weinhold: Al. Gr. p. 97; Kräuter in Alemannia 4, 256.

Anmerkung 2: Einige Urkunden weisen ů statt u auf: 1290 nůtz III 125, 126; 1301 pfůnt III 145; 1330 mittewůchen III 382; 1331 kůnt II 479.

Ebenso Merswin:
p. 15 unschůldigen, 17 kůment, kůrce, 17 stůnden, 18 grůntlos, 21 grůnde, 27 hůndert, kůmen, 28 kůmen, 40 schůlt, 42 kůmen, 43 grůnde, 68 gedůnke, hůndert, stůnde.

Hierher gehören auch:
1301, 1328 verlůhen III 146, 305; Merswin: p. 40 furlůhen.

§ 11.

ü.

a) mhd. Standpunkt.

entwürten, vür, urkünde.

b) ü > i.

1263 virbas I 403, vir I 410; 1271, 1272, 1274 vir III 13, II 17, 20; 1298 entwirten II 169; 1323 urkinde II 380.

Auf die Wichtigkeit dieser Beispiele für die Ausdehnung des i in dieser Periode ist § 6c hingewiesen. Das Cartulaire de Mulhouse gewährt auch zwei Fälle: 1342 unmigelich I 178, verantwirten I 180.

§ 12.

û.

a) mhd. Standpunkt.

orthûs, ovenhûs, bû, ringmure, ûzer.

b) û > ü. (Die Urkunden setzen meist ein i über u.)

1286 hůse (d. sg.), düs II 68; 1300 hüse (d. sg.) II 183; 1308, 1309, 1312 schůchsütere III 190, 194, 215; 1312 üs II 250; 1319 malhüse (d. sg.) II 340; 1319 hüsgenoszen II 340; 1315 tüsent II 282; 1315 bü, üzgat II 284; 1318 ringmüre II 313, 314; 1331 nü II 479.

In der heutigen Mundart ist jedes û zu ü geworden (Sütterlin § 17). Es ist sicherlich anzunehmen, dass dies schon in unserer Periode der Fall war. Socin hält sogar die Möglichkeit, dass Otfried mit y diesen elsässischen ü-Laut habe bezeichnen wollen, nicht für ausgeschlossen (Schriftsprache und Dialekte p. 42 Anm. 1). Vgl. Weinhold: al. gr. p. 106; Kräuter in Alemannia IV 256.

Anmerkung 1: Beispiele haben noch:

Rappoltsteinisches Urkundenbuch:

1309 trotehůs I 195, 200; 1311 hůs (6) I 202; 1311 trotehůs, wighůs I 203; 1335 ús I 336.

Parzifal:

p. 24 die üssern, 149 gefület, 473 tüsent, 508 sül.

Konrad Dangkrotzheim:

vers 229 fülen.

Anmerkung 2: Dem ů für u entsprechend erscheint auch ů für û. 1290 ůfgegeben III 126, hůs III 121, 124; 1299 ůfgegeben III 126; 1300 ůszuge II 178; 1301 ůffe II 169.

Ferner Merswin: p. 16, 80 grůwelliche, 52 unsůfer, 53 getrůweliche, 69 getrüwe, 72 sůrer.

Herr Professor Wiegand gab auf Anfrage freundlichst die Auskunft, dass in den Strassb. Urkunden thatsächlich ů stehe. Da diese Schreibung in den häufigeren Fällen bei Merswin eine Stütze findet, so wird man in den drei Fällen aus den Urkunden keine Schreibfehler vermuten dürfen. Jedenfalls liegt ihr kein Lautvorgang zu Grunde. Vgl. Singer in Beiträgen XI 301, Braune: ahd. gr. § 41 Anm. 2. M. S. D.³ XXXVII 99 und LXXXVI. Weinhold: Al. Gr. 72, 73.

§ 13.

iu.

a) mhd. Standpunkt.

liute, liuterlich, getriuwelich.

b) iu > ū.

1261 lute I 356, uch I 354, 355, 357, 364; 1261 uwir, ürluge I 364; 1262 ernuwen I 370, truwen (d. pl.) I 383; 1283 getruweliche II 59; 1287 uwer II 95; 1288 getruweliche II 96; 1290 getruweliche II 133; truwen (d. pl.) II 133; 1292 druwen II 141, 143; frund getruweliche II 140: 1298 frunden II 169; 1300 lutpriester II 183. Vgl. Weinhold: Al. Gr. p. 47, 101: Braune: Ahd. Gr. § 49 Anm. 1.

Es ist schon § 6c darauf hingewiesen, dass unter diesem u ein ü zu verstehen ist, wozu auch die Angaben Braune's stimmen.

§ 14.

y.

Schon in den frühesten Urkunden und anderen Schriften erscheint es in wie anlautend für i, ohne dasselbe zu verdrängen.

§ 15.

ei.

a) mhd. Standpunkt.

teil, eide, gemeinlich, vriheit, heilig, unverscheidenlich, geistlich.

b) ei > e.

1261 geslich I 356, 360, helig I 360, 363; 1262 unverschedenliche I 380, Gespoltzheim, Steneburgedor I 371, 372; gestlich I 373, 374; 1285 beder III 55; bede II 64, bedi III 68; 1292 Ersten II 143; 1296 schulthesse II 160; 1308 beder III 189; 1316 gehêssen III 255; 1328 gemenlich II 439, 442, dehen II 436; 1329 hemeliche II 457; 1330 gemenlich II 468. Vgl Weinhold: Al. Gr. p. 37, 38, 98; Braune: Ahd. Gr. § 44 Anm. 4.

Anmerkung: Einige Beispiele im Rappoltsteinischem Urkundenbuch:
1295 envaltekliche I 154.

Cartulaire de Mulhouse:

1316 gemenlich I 121; 1333 ensitte I 145; 1342 enand I 178, enander, nachenander I 179, 180.

Rulmann Merswin:

p. 5, 6, 7, 10, 19, 23, 35, 38, 136 helgen, 19 hellig, gehelget, gehelgent, gehelgethent, helgen (adj.), 38 hellig, 51 hellige, 18, 65 helge. Daneben p. 6, 28 heilig, 29 heiligen (n. pl.), 31 heiligen, geheiliget. Vgl. Sütterlin § 65 und Elsässer Schatzkästlein, Strassburg 1877, p. 46 „Helljesteiner."

§ 16.

ie.

a) mhd. Standpunkt.

criek, brief, siehen (g. pl.), ziegeloven.

b) ie > i.

1313 brife, brive II 257, 259. Vgl. Weinhold: Al. Gr. p. 109.

c) ie > ů.

1263 vůrzehen, vůre I 410[23], 411[29]; 1326 vůrzig II 419.

Unter § 6c ist über diese wichtige Erscheinung gehandelt worden: ie > ü = i wie in der heutigen Mundart s. Sütterlin § 36.

Im Cartulaire de Mulhouse: 1336 vurzehen I 155.

§ 17.

ou.

a) mhd. Standpunkt.

ouch, verkouffen, glouben, urlouge, urloup, beroubet, houbetgůt.

b) ou > ô.

1261 urlop I 355, och I 356, 357, berobet I 356; 1262 robei I 374; 1286 och II 68; 1297 kôfte III 117; 1293 verkoffet III 95; 1313 uberlof II 254; 1314 berobet II 280; 1317 owe III 260; 1318 och II 328; 1322 hobetgůt II 367. Vgl. Weinhold: Al. Gr. p. 43, 81, 100; Braune: Ahd. Gr. § 46 Anm. 3; Kauffmann: Gesch. d. schwäb. Mda. § 94.

§ 18.

uo.

a) mhd. Standpunkt.

almůsen, tůmherre, gůt, abetůn.

b) ů > ů.

1314 tů II 271; 1315 gůt, abetůn II 287; 1315 ze tůnde II 281; 1316 gůtes II 292; 1319 gůtes II 336, můter (acc. sg.) II 335; 1326 tůge II 420; 1325 ze tůnde; 1329 důgent II 443.

Diese Erscheinung ist ächt elsässisch; s. Sütterlin §§ 18, 33.

Dass ů wirklich den ü-Laut bezeichnet, erhellt aus folgenden Beispielen, in denen es öfter sogar iu vertritt: 1263 kůser, kůsent I 408; 1280 hůte II 50; 1307 sůn II 214; 1314 nůt, nů II 271; 1315 nůt, frůnt II 287; 1316 nůt II 292, 293, hůlfe (3. conj. Prt.) II 298, urkůnde, sůle (3. sg. Prs.), ůbel II 299, sůlent II 301. Beweisend ist vor allem, dass neben der Form mit ů auch tünde II 281 belegt ist.

Anmerkung: Im Rappoltsteiner Urkundenbuch finden sich einige Fälle: 1289 brůder (d. sg.), brůder (g. sg.) I 134; 1292 můme (n. sg.) I 139, 144, gůten I 144; 1295 gůtes, brůder (d. sg.) I 154; 1309 brůder, wir tůn I 195; 1310 brůder I 200; 1311 schůle (d. sg.) I 203; 1331, 1336 tůn I 313, 314, 315, 349.

§ 19.

üe.

üe > ů.

1263 bignůgen I 403 [26], 405 [16]; 1262 gevůre I 365 [6].

Vocale der Mittelsilben.

§ 20.

i statt e.

1261 lestirliche I 357, meistire I 358, undirténic I 365; Haginowe I 358, undirtenic I 364, Wascilnheim I 375; 1262 Habispurc I 375, 377, Lichtinberg I 377, Landisperg I 377, 379, 381, Hiltinsheim I 376, Rodisheim I 379, Ergirsheim I 388; 1263 babiste I 390, 393, 412, Wolvisheim I 399; 1271 phinkistwochen III 14; 1274 babiste II 21; 1275 Schiltingheim III 26; 1277 rossemerkite drubire III 34; 1280 widirseith, widirsage III 50; 1281 eiginschefte III 52; 1299 eiginschefte III 126; 1300 beckihube II 183; 1302 Drachinfels III 126; 1306 landvougites II 208; 1309 Goudirtheim II 218; 1311 Schiltinkeim III 208.

Anmerkung: Beispiele bieten:

Cartulaire de Mulhouse:

1312 geginwirdigen I 116; 1324 basiler I 133.

Rappoltsteinisches Urkundenbuch:

1283 lidigliche, geginwertig, abbite I 121; 1292 båbisten I 145; 1304 swestire I 185; 1317 dunristage I 248; 1350 eiginlich I 478.

Parzifal:

p. 37 eiginlich, 52 narrikeit, 246 edilknecht, 315, 325 helfinbein, 608 eiginlich, 673 helfinbeinin.

Rulman Merswin:

p. 32, 84, 90, 135 eiginschaft, 90 eiginer, 84, 90, 92, 138 eiginwilligen.

Vocale der Präfixe.

§ 21.

vir, vur, vür statt ver.

1261 virnommen I 354[15], virkeren I 354[16], 355[13]; virbotten, virtriben I 356[16, 20], virbuttent I 357[14]; virtragen, virspartent, virbuttent I 356[16]; virslagen I 357[31], virschuldetent 364[36], virkêrent I 364[36]; 1270 virsigelt, vircihen, virgihe, virjehen III 10[26].

1261 vursigelt I 360[38]; 1264 vurcihen (1. pl. prs.) I 459[10], vurjehen (1. pl. prs.) I 464[22]; 1267 vurgihe, vurjehent II 5, 9; 1290 vurbringent II 133, vurzihent, vuriehen III 79; 1296 furgolten, furrichten, furgehent II 159.

1308 vürkouffen, vürgolten III 187, 188, 194; 1312 fürjehen II 251; 1316 vürjehent, fürzihen III 255; 1327 fürjehent II 424; 1328 fürlühen III 365; 1329 fürkouffet III 381; 1330 vürbuntnis II 475.

Anmerkung: Weitere Belege:

Cartulaire de Mulhouse:

1312 fúrzihen, fůrzigen I 114; 1336 fúrjach, fúrsicheren I 150; 1343 fúrjihe I 182.

Rappoltsteinisches Urkundenbuch:

1291 virluhen I 104; 1303 vir, virgehent I 179.

Parzifal:

p. 42 fúrbeiten, 100 vúrlüre, 178 fürfluochet, 293 fürendet, 320 fürmúedet, 543 fürsuohte, 606 fürdrüsse (3. sg.), 780 virgas.

Rulmann Merswin:

p. 4 vircleinnest, 5 virlorn, 9 virborgen, 10 virzogen, 5 fúrlorn, 8 fúrsenket, 9 fúrdriessen, 15 fúrgessen, 16 fúrfůret, 17 fúrgangen, fůrgessen, 21 fúrblendet, fúrhengende, fúrgessen, 22 fúrfallen, 23 fúrnunfte, 25 fúrstande, fúrgessent, fúrmehte, fúrderbe, 26 fúrborgen, fúrblendet, fúrmehte, fúrzwigen, 27 fúrgúszent, fúrlierende, fúrzwiget, 28 fúrgessen, 29 fúrkerent, fúrborgen, fúrgeszen, 37 fúrgessen, 38 fúrgangen, fúrblendet, 39 fúrgessende, 40, 46 fúrlůhen, 40 fúrtuon, fúrlichhet, 41 fúrtribet, fúrnútest, 44 fúrhenget, fúrtreit, fúrlůhen, 44, 46, 52, 53, 64, 112, 136 fúrgessen, 45 fúrlossenheite, fúrlosenne, fúrfellete, 46 fúrnumft, fúrtribben, fúrzwifelte, fúrlosen, 47 fúrtragen, 49 fúrhenget, fúrlosener, 52 fúrderbent, 54 fúrnunftig, 55 fúrlon, 58 fúrzwifelt, fúrlierende, 60 fúrtreit, fúrhengende, 61 fúrbesehen, 64 fúrtragen, fúrgessen, fúrgon, 66 fúrnumft, 72 fúrwegen, 73 fúrlůhen, fúrschüldet, 81 furwegenen, 82 fúrwegen, 85 fúrweggen, 87 fúrweggenlich, 90 fúrsuochet, 91 fúrhebbet, 93 fúrborgenen, fúrdienet, 103 fúrliere, 107 fúrborgenes, furbergenliche, 108 fúrbúrge, fúrborgen, 111 fúrdorben, fúrzeret, fúrmaht, 112 fúrdorben, fúrborgen, fúrzerethe, fúrgossen, 114 fúrkleinnent, fúrnúthent, 115 fúrnumftigen, fúrlorn, 118 fúrirrent, fúrtribben, 119 fúrsuochet, 124 fúrborgen, 127 unfúrstandener, 129 fúrweggenlich, 130 fúrwegenheit, fúrmûgenheithe, 131 fúrtribbe, 132 fúrirrent, fúrborgen, 137 fúrsuocht, 138 fúrlorn, fúrston, 139 fúrnúmfthige, 140 fúrstanden, fúrlûp, 141 fúrhûp, 142 fúrborgene, unfúrfenclich, fúrtrûtthent, fúrirrethe, 143 fúrmôgen, fúrstont, 147 fúrhengende.

§ 22.

ir, ur, ür statt er.

1261 irlâzen I 354, irkennen I 364, irsüchen I 356, irdaht I 357, irlant II 68.

1263 urkorn I 390, urwelte I 401, 405, 409, 411 (2), 412 urwelte I 412, urvarnt I 406; 1264 urworben I 421, urvarnt I 419; 1270 urworben, urwerben (inf.) III 10.

Anmerkung: Cartulaire de Mulhouse: 1295 irteilet I 196.

Rappoltsteinisches Urkundenbuch:
1290 irteilte, irdenken I 139.

Parzifal:
p. 242 irschal, 730, 740 irklang, 759 irgibe, irgeben, 769 irgot.

Rulman Merswin:
p. 55 urlúttet, 91, 93 urschrocken, 103, 111, 115 urstorben, 107, 108 urthettet, 114 urschreckent.

Gewöhnlich steht im Parzifal wie in Merswin ü.

Parzifal:
p. 23 ürglitzen, 24 ürslagen, 25 ürhüngern, 31 ürlost, 74 ürlüttet, 80 ürgieng, 202 ürslagen, 221 ürgeben, 270 ürfülle, 316 ürhorte, 407 ürlop, 658 ürvarent, 600 ürbeite.

Merswin:
p. 40 úrfullet, 68 úrschrocken, úrstorben, 73 úrloubet, 78 úrsterbent, 79 úrwellen, 81 úrlidden, 83 úrgezzet, 84 úrbarmet, úrsterbent, 88 úrbarmet, 89 úrzúgete, 91 úrbarmet, 92 unúrstorbene, 93 úrlos (imp.), úrschrocken, 96 úrschrocken, 97 úrstorben, 102 úrlúhtet, 103 úrstorben, 108 úrstorbenne, úrkennen, úrbarmet, úrbermede, úrlúchtenten, 111 úrstorben (2), 112 úrloubet, 113 úrschreckent, 115 úrstorben, úrdenken, 119 úrschrikket, 120 úrbarmest, 123 úrschrach, úrlos, 124 úrschrach, 128 úrbarmende, úrlidiget, úrdenken, 129 úrbermede, 131 úrschrach, 132 úrbarmen, 133 úrbarmede, úrteil, úrarnet, úrbarmen, 134 úrsterbent, úrwellet, 135 úrbarmen, úrberme, 136 úrkosen, 138 úrwirbet, usúrwellet, usúr-

wellenthen, 139 úrfolge, úrbarmhercig, 141 úrkennen, úrzeget, 143 úrschreckenliche, 147 úrschrecken.

§ 23.

und statt ent.

1263 undrinnet I 405[4], 1270 undrant III 10[30], 1280 unbute II 50[10].

Anmerkung: Merswin hat un: p. 15 unthette, undûn, 18 unkan, 44 undûn, 58 ungedan, 60 undůt, 65 unweis, 72 untrinnen, 82, 89 untrunnen, 103 unphohet, 115 unphohen, 123 unmag, 135 ungelthen. Parzifal nur p. 354 undruwent, sonst ü: p. 119 ünzündet, 278 ündrüwent, 434 ünderwise.

§ 24.

üz statt uz.

1300 üzgetragen II 179; 1314 zü, üf II 270, 289; 1315 üzgat II 284.

§ 25.

gi statt ge.

1262 ginant, gihôrent I 389, gilobit I 389, 390, 393; 1262 gitů I 389; 1263 gilassen I 390, gisworn I 390, 393; 1263 giburte I 390, 391, giriht, giverde, gimeinde, gilubide I 390, 393; 1263 gifriden, gisûnen I 390, ingisigite I 390; gisehint, gihôrint I 389, 390, 393, 396, 397, 400, 403, 404, 405, 406; 1263 gimeinde, gimûte, giwinnet, gisworenen, gitan, vorginante, giwônliche, gischaffet, gimeszi, gimaht, girete, gitete, giwinnet, ingisigile, giburte I 403, gimeinde, gileit, vorginanten, gimânt, gischaffet gimaht, gisworn I 404, giverde, gilobt, vorginanten (2) I 405, gischriben, giwinnet, ingisigele (2), giburte (2) I 405, ingisigile (2), vorginanten, gimeinde, givangen, gilobe, gitûn, gitan, gibrochen, gisworenen, ginummen, gimant, gibessert, gischriben, givêrde, g[i]nant, giburte I 406.

Anmerkung: Im Cartulaire de Mulhouse oft anzutreffen:

1312 gigeben, giburte I 115; 1314 gigeben I 116; 1316 gimenlich, gisetzet, giwert, givallet, givallen, giburte, gihôrent I 121, ginant, gischriben, giburt, gihenkit I 122; 1319 gihorent, girichtet, gibirge, gilitten, ginant, giverde, gihenkit, ingisigile, gischach, giburt, giwinnen I 124.

Rappoltsteinisches Urkundenbuch:

1303 gisehint, gihôrint, vorginant, gimachenisse, gihenkit, gigebin, giburte, gischehen I 179.

§ 26.

bi statt be.

1261 bischach I 355; 1262 biholfen I 377, 408, 397; 1262 bischach I 378, 379, 380, bihabint I 389; 1263 bihabint I 390, 391, 403, 405,

410, bignûget I 403, bischeiden, bignûget I 405, bireit, biholfen I 408, bischach I 390, 397, 403, 405, 410, 412, bignûget, biwerung I 410; 1264 bignûget, bischach I 412, 415, 419, 420, 421, 425, 433, bignûget, bischach, bisigelt I 433, 434, 436, 437, 446; 1265 bischeiden I 448; 1267 bischach, bignûget II 69; 1270 bischehen, bihelfen III 10, bischach III 11; 1271 bisetzet III 14, 15; 1273 bischeiden II 34, bisetzet III 61, bikumberen III 18, bischach III 23; 1285 bitrogen III 61, biholfen III 62; 1288 bidarf III 72 enbiclaget II 99; 1289 bisweren, birâtet III 73, bischeiden III 71; 1290 biholfen, bidôrfent II 133.

Anmerkung: Cartulaire de Mulhouse: 1312 bihabet I 114. Parzifal: p. 77 bisunder.

Vocale der schwachtonigen Silben.

§ 27.

i statt e.

1261 niemir, iemir I 354 [19, 25], ubir I 356 [26], 357 [17], iemir I 358 [2], 355 [20], 365 [35], tumbir I 355 [20], widir 359 [2], dazwischin I 359 [2], zwischin I 358 [37], zwelfhundirt 1 359 [8], babist, leidir I 364 [2, 18], uzir, odir I 358 [33 35], abir I 358 [34]; 1262 diheiner I 377 [19], 388 [31]; 1263 babist I 393 [20], 412 [9]; 1277 probist III 34; 1271, 1274, 1280, 1281, 1285, 1287, 1289 eigin III 13, 22, 34, 48, 61, 67, 79; 1303 eigins III 90; 1310, 1324, 1328 eigin III 208, 316, 360; 1316 odir II 290.

Anmerkung: Cartulaire de Mulhouse:

1295 zwelfhundirt I 96; 1314 lidig I 113: 1316 ubir, dikein I 121; 1326 odir I 135; 1343 lidig, eigin I 181.

Parzifal:

p. 39 edil, 221 eigin, 238 edil, 246 abir, 247, 419, 466, 507, 570, 572, 851 eigin, 4, 529, 624, 651 beckin.

Merswin:

p. 32, 63, 78, 82, 84, 88, 91, 97, 135 eigin.

§ 28.

u statt e.

1263 duheiner I 403, 406, dukein 398, 399, 409, dun I 399, duwile I 399, 400, 406, 409, dukein I 403, 408, duheinre I 403, 409; 1264 duheinre I 420, 424, 425, 426, 434, 439, dukein I 420, 425, 434, 439; 1265, 1266 duheinre I 445, 448, 459; 1276, 1280, 1287, 1288 duhein II 34, 85, 99, III 45, 66; 1270, 1280 duhein III 10, 45; 1287, 1290 duwile II 85, III 66, 77; 1289, 1290 dukein III 74, 77; 1312 einhullecliche II 250, 1319 missehulle II 336.

§ 29.

ü, u statt i.

1263 gevancnusse I 376; 1264 gehutnusse I 444; 1331 gevengnusse III 480; 1264 gevengnüsse I 423; 1316 gevencnüsze II 295; 1318 gevangnusze II 313.

Anmerkung: Closener: p. 48 gevengnüsse, 48, 26, 54 gevenknüsse etc.

§ 30.

e statt ei.

1263 mitenander I 409; 1270, 1274 mittenander III, 9, 23; 1296 schulthesse III 160; 1317 urtel III 269; 1325 schulthesse II 405, 406; 1327 ene II 436; 1330 dehen II 469, enander II 480.

Anmerkung: Parzifal: p. 16 ôhens; p. 24, 37, 53, 55 bienander. Rappoltsteinisches Urkundenbuch:

1312 schulthesse I 213. Vgl. Beiträge XIV 476. Sütterlin § 63.

Ueber die Vokale der Mittelsilben, Präfixe und schwachtonigen Silben mögen hier einige Bemerkungen Platz finden. Brandstetter weist in seiner Luzerner Kanzleisprache §§ 5, 34 darauf hin, dass hie und da in den von ihm bearbeiteten Urkunden ahd. Formen vorkommen. Er fasst alle diese Fälle unter dem Namen: ahd. Richtung zusammen. Etwas ähnliches liegt auch hier vor, nur dass sich diese ahd. Richtung nicht wie bei Brandstetter in der Flexion, sondern hauptsächlich in den Präfixen etc. zeigt. Fast alle hierher gehörenden Formen sind bei Weinhold: Alem. Gr. p. 413, 422, 433, 434 etc. aus dem älteren Alemannischen belegt. Man wird nun schwerlich fehl gehen, wenn man diese in Strassburger und Urkunden anderer Orte belegten Formen einfach als aus der Schreibtradition hervorgegangen auffasst. (Vgl. Kauffmann: Gesch. d. schwäb. Mda. § 117). Dies wird zur Gewissheit, wenn man die Umstände in Rechnung zieht, denen die deutsche Sprache ihre Einführung als Urkundensprache in den Kanzleien des Bischofs und der Stadt verdankt. In dem Zwiste, der zwischen Bischof Walther von Geroldseck und der Stadt ausgebrochen war, lag diesem daran, das Volk für sich zu gewinnen. Aus der Stadt verdrängt, blieb ihm nur das oft angewandte Mittel der Proklamationen übrig. Und sie eröffnen denn auch den Reigen der deutschen Urkunden: denn wollte er zum Volke sprechen, musste er auch in dessen Sprache reden. Ganz natürlich lehnten sich die Schreiber derselben an alte Muster wie Vorurkunden etc. an; für die lebende Sprache blieb allerdings beinahe kein Spielraum. Erst nach und nach kommt diese mehr zur Geltung: man kann die Fortschritte, die die Kanzlei in ihrer Hand machte, ziemlich genau verfolgen. Formen wie geimeinde (I 261), lehein, capiteil, robei, Zorneis (1262 I 374), diebeiner, (I 390, 1263, sibein (1287 II 86, 94) zeigen deutlich die Ratlosigkeit der Schreiber. Im Zweifel, ob die Formen mit e oder i richtig sind, setzen sie beide. Nach 1300 treten Fälle ahd. Tradition nur ganz vereinzelt auf: einerseits trat der Dialekt mehr in den Vordergrund, andererseits wurde die mhd. Schriftsprache besonders in Verträgen mit ausserelsässischen Dynasten oder Städten herrschend. Ähnlich geht die Entwicklung in der städtischen Kanzlei vor sich. Auch sie verwendet infolge des Bellum Waltherianum die deutsche Sprache in ihren Urkunden. Auch sie hält sich anfangs an ältere Vorbilder, ehe sie zum freien Gebrauche des Deutschen vorschreitet. Doch selbst aus dieser ahd. Richtung lassen sich, was die i-Laute anlangt, Rückschlüsse machen: das gleichzeitige Vorkommen von i, u, ü in den Präfixen lässt sich nur erklären mit der Annahme, dass die i und ü, u lautlich gleichwertig waren.

Bei Merswin wird wohl das ausschliessliche Vorkommen von vür (vir), ir, ür auf Absicht beruhen. Beim Konsonantismus wird Gelegenheit sein, über die eigentümlichen Konsonantenverdoppelungen zu reden: dieses wie jenes ist eine Stütze für die Ansicht Denifle's der Identität Merswins und des Gottesfreundes. Die wenigen hierhergehörenden Fälle im Parzifal kommen neben den herrschenden regelmässigen Formen nicht in Betracht.

Vocale der Endsilben.

§ 31.

a statt e.

1262 dannan I 375 [28], 376 [19], 383 [23], 388 [30], hinnan I 376 [16]; 1263 dannan I 398 [7,15], 400 [1, 36], 403 [9, 15, 22], 404 [32], 405 [7], 406 [27], 409 [11, 15, 27], 410 [26]: hinnan I 403 [4, 36], 404 [23], 395 [30], 403 [9]; 1264 dannan I 415 [10], 419 [17], 420 [29,36], 423 [18,23]. 424 [31], 430 [1], 432 [32], 433 [25]; 1263, 1264 obenan I 390 [14], 409 [32], 425 [7], 426 [34], 427 [2], 429 [13], 432 [27], 434 [27]. 435 [15], 436 [5], 437 [9]; hinnan I 441 [17]; 1265 dannan I 445 [34], 448 [13]; obenan I 448 [15], 449 [10]; 1267 obenan II 9 [24]; 1269, 1271 obenan III 6 [20], 14 [20]; 1274 dannan II 21 [10,12] obenan II 21 [11]; 1275 hinnan II 29 [32], 34 [25], nidenan III 23 [6]; 1276 (aus einer zu Hagenau ausgestellten Urkunde König Rudolfs) dannan II 34 [25]; 1284 nidenan III 57 [9]: 1287 obenan II 67 [37]; 1288 hinnant II 96 [14]; 1298, (aus einer zu Strassburg ausgestellten Urkunde Herzog Albrechts von Oestreich) 1300, 1301, hinnan II 167 [26], 180 [8], 191 [1]; 1314 nidenan III 234 [1]; 1316 hinnan II 301 [3, 27]; 1325 hinnant II 406 [1].

A n m e r k u n g: Diese wichtige Form ist reich belegt: Rappoltsteinisches Urkundenbuch:

1288 hinnant I 131; 1298 dannan I 161; 1331 hinnant I 315 (2);

1348 hinnanthin, hinnant I 458, 463; 1353 hinnan I 511; 1354 dannan I 523; 1362 hinnan I 580; 1363 hinnant I 593.

Parzifal:

p. 2, 28 hinnan; 21, 26, 33, 38, 53 dannan, 74 innan: 88, 98 dannan; 106, 107 wannan; 129, 130, 131, 137 dannan; 145 wannan, dannan, 154, 157 162, 187, 189, 207, 229, 250, 285, 290 dannan; 195 innan, 176, 207 hinnan, 221, 250, 400 hinnan, 403 wannan, 403, 580, 688, 537 dannan, 531 innan; 673, 744 wannan; 760 wennan.

An Reimbelegen sind folgende aufzuführen:

p. 55 han-hinnan, 145 han-dannan, 158 man-innan; 159 innan-getan, 197 man-hinnan; 195, 197 ieman-hinnan: 198 man-innan, 210 dannan-Gawan, 219, 246 han-hinnan, 261 man-wannan, 272 dannan-han, 297 man-hinan, 302, 330, 334 dannan-ieman, 277 dan-hinnan, 398, 503, 540, 652 zchandenan-dannan, 451 hinnan-getan, 480 hinnan-dan, 535, 536 hinnan-hindan; 551, 552 dannan-hindan, 678 an-hinnan, 687 hinnan-dan, 793 kan-dannan, 796 hinnan-vornan, 826 man-dannan.

Merswin:

p. 10, 11 obenan, 58, 92 hinnan, 64 dennan.

Closener:

p. 2, 36, 48, 50, 51, 68, 76, 78, 84, 85, 128 dannan.

Königshofen:

819 dannan.

Cartulaire de Mulhouse:

1318 obenan, nidenan I 1:3; 1336 ussenan, innan I 155, 156; 1342 hinnan I 179.

Den angeführten Belegen mit vollem Vocal stehen eine grosse Anzahl solcher mit e gegenüber:

1262, 1263 dannen I 372 [8], 374 [18], 388 [36], 401 [23], obene I 389 [5]; 1264 nidenen I 376 [18, 19], 377 [5, 36], oben I 377 [36], obenen, nidenen I 383 [10, 11]; 1263 obenen I 405 [12]; 1298 (aus der oben schon erwähnten Urkunde Herzog Albrechts von Oestreich) hinnen II 167 [34]: 1299 obene III 134 [32]; 1302 dannen III 148 [35]; 1312 dannen II 250 [33], hinnen II 252 [3]; 1314 undenen III 236 [23], hinnen, dannen II 263 [32], 264 [11, 19]; 1315 dannen II 287 [39] (in gleichzeitiger Copie der verlorenen Urkunde); 1318. dannen II 328 [40]: 1322 hinnen II 362 [12], dannen II 367 [10]; 1326 dannen II 414 [21], 417 [7], 418 [34].

Cartulaire de Mulhouse:

1295 underdannen I. 96.

Parzifal:

p. 24 wannen; 72 innen — minnen, 186 hinnen — sinnen.

Königshofen:

p. 357 dannen; 340, 437.

Closener:

p. 37, 83 dannen.

Behaghel legt in seiner Schrift: Zur Frage nach einer mhd Schriftsprache diesen dannan, wannan in Verbindung mit dem Auftreten sonstiger voller Vokale für alte Längen einen entscheidenden Wert für die Existenz einer mhd. Schriftsprache bei. Den Einwendungen Kauffmanns (Paul und Braune: Beiträge XIII 464) gegenüber präcisirt er seinen Standpunkt noch einmal in einer Anzeige des elsässischen Parzifals von Claus Wisse und Philipp Cohn im Litteraturblatt für romanische und germanische Philologie 1890 p. 136 mit den Worten: „Von den sprachlich interessanten Dingen will ich nur hervorheben, dass die Formen dannan, hinnan, innan mit vollem Endvocal durch den Reim gesichert sind z. B.: 55, 31, 159, 26, 166, 25, 197, 16 also keine Rede davon sein kann, dass bei diesen in den elsässischen Urkunden durchweg geltenden blos historische Schreibung vorliegt wie Kauffmann Beiträge XIII 485 annimmt." Kauffmann hatte sich an der von Behaghel citirten Stelle dahin geäussert: „Die Adverbia auf -an bewahren in der Schreibung -a sehr constant; urkundlich kann ich sie noch im 15. Jahrhundert belegen, um so weniger ist es wahrscheinlich, dass die Orthographie sich mit der Aussprache deckt. Es ist auch an die elsässischen Belege zu erinnern: Behaghel constatirt S. 14 dass „„altes — -on, -un nicht mehr bewahrt ist, obwohl die Urkunden bis zum Jahre 1261 zurückgehen. Von Substantiven auf ursprüngliches î finden sich fast keine Belege, degegen ist -an im 13. Jahrhundert stets bewahrt."" Das ist durchaus unwahrscheinlich." Zweifellos überwiegt die Anzahl der belegten Formen mit vollem Vocal weitaus die der mit e. Dennoch wird sich ein Zweifel geltend machen müssen, ob wirklich in diesen Wörtern die vollen Vocale gesprochen sind. Zunächst ist zu bedenken, dass der volle Vocal a sich n u r in den wenigen Wörtern dannan, hinnan, wannan, obenan, nidenan gehalten haben soll. Dazu kommt, dass die Mundart unverkennbar die Neigung zur Abschwächung aller vollen Vocale schon in unserer Periode zeigt: dehen, Colmer, men, Grosten, Racenhusen, Ersten sind unwiderlegliche Beweise für dieselbe. Ferner sind ja Belege für die abgeschwächte Form in nicht geringer Zahl vorhanden. Denkbar wäre ja immerhin, dass beide Formen nebeneinander existirt hätten. Zieht man aber in Betracht, wie lange es dauerte, ehe ô für â in den Urkunden herrschend wurde, so wird man behaupten dürfen, was dannan, hinnan, etc. angeht, dass die letztere die herrschende gewesen sein muss, mochte erstere damals auch noch nicht ganz ausgestorben sein.

A n m e r k u n g: dennen II 217 (1308) und bei Königshofen p. 531 belegt ist in Anlehnung an denne entstanden. Es ist besonders häufig bei elsässischen Schriftstellern späterer Zeit s. Grimm D. W. 2952.

Vocale der Flexionssilben.

A. Declination.

§ 32.

Starke Declination.

1. Masculina.

i) 1261 tagis I 358 [32]; gotis I 359 [8], gottis I 364 [15], burgerin I 358 [30]; 1263 ratis I 390 [26], 1271 brieviz III 13 [36], 1300 bischovis II 183.

u) 1264 babistu I 419 [25], 420 [7].

2. Neutra.

1201 jaris I 359 [8], 1262 silbirs I 388 [31], 1270 erbi (acc.) III 9, 1270 erbi (d), erbiz III 9 [31], erbiz III [1], 1274, 1277 erbi, erbiz III 22, 33, 1271 grebur III 14 [11].

ŭ) 1300 stůlküssŭ, houbetkussŭ II 184.

3. Feminina.

a) 1262 gemienda, gemeinda, glubda I 360.

Anmerkung: Diese beiden Formen stammen aus einer Urkunde, die sich durch eine merkwürdige Orthographie: miester, giestes, sowie durch ahd. Formen ausser den oben angeführten geverda, schulthiezo auszeichnet: es ist ein Vertrag der Stadt Neuenburg a. Rhein mit Strassburg.

i) 1261 misschelli (acc.) I 355 [37]; 1262 steti, schadi I 389 [3]; 1274 gegenwarti (d) III 22 [35]; 1228 liebi (d) II 99; 1300 heimsuochi (acc. und gen.) II 179, 183, 184, misschelli (d) II 179, 183; 1329 liebi II 457.

Anmerkung: Eine Anzahl Beispiele finden sich noch im Rappoltsteinischen Urkundenbuch:

1251 an der vesti I 118; 1320 dur liebin I 261; 1335 umb alle die misschellin I 343; 1338 durch liebi I 372; 1345 misschelli I 444; 1347 misschelli I 454; 1352 von der misschelli wegen I 503; 1354 mit aller der sicherheit und gewarsamin I 523.

Cartulaire de Mulhouse:

1295 liebi (acc.), gewarsami I 96; 1324, 1336 mit der gewarsami I 132, 152; 1337 umb die missehellin I 156; 1342, 1343 mit aller gewarsami I 195, 205.

ü) 1266 ze gegenwartin I 464; 1316 misschellŭ II 288, 289.

§ 33.

Schwache Declination.

1. Masculina.

1261 schadin (acc.) I 358 [35], vridin I 358 [30], schadi (n. sg.) I 389 [3], 1295 hovesêzin III 104 [13].

u) 1263 herrun (a. pl.), herrun (acc. sg., g. pl.) I 406 [16, 26, 29, 35], 419 [32], 1269 erbun (n. acc. pl.) III 6 [12], 1270 erbun (n. pl. III 9 [32], 1270 erbun (d. acc. pl.) III 10 [6, 11], 1294 erbin (d. pl.) III 98 [15].

o) 1261 schulthieszo I 360 [23].

2. Feminina.

i) 1261 vrowin (g. sg.) I 358 [31], dugin (a. pl.) 359 [1].

u) 1270 zur Hellun III 10 [36].

ŭ) 1300 Kirchŭn (acc. d. sg.) II 183.

§ 34.

Starke Adjectiva.

i) 1262 tôdigi (acc. pl. n.) I 374; 1263 gimeszi I 408, steti I 390; 1263 stetu I 401, 405, 406, 419; 1263, 1264, 1265 gimeszi I 409, 425, 426, 446, 448; 1275 biderbi III 11, guti (a. pl.) II 30.

§ 35.

Schwache Adjectiva.

u) stetun I 411; 1264 stetun (g. f. sg.) I. 419, 425, 426, 434.

§ 36.

Pronomina.

i) 1261 uwir I 354, 357 unsir I 355, 358, swelis, desselbin, andrin, selbin, disin, dekeinin I 358, unsir, unsirn, iemanim I 359, 364; 1271 iewederi, anderi, dis III 15; 1279 iri (n. pl.) III 41; 1280 dis, 1298 unsirs II 61.

Anmerkung: zi uch I 355 [9], gegen uch I 355 [14] zeigen, dass die Form des Accusativs in den Dativ einzudringen begann. Vgl. Weinhold. Mhd. Gr. § 474. Paul. Mhd. Gr. § 146. Anm. 1. Hervorzuheben sind ferner noch irme rehte, iren gestandenen I 355 [19, 25], (1261). Vgl. Grimm Grammatik IV, p. 343, 344. Weinhold. Mhd. Gr. § 481, Alem. Gr. p. 459.

Parzifal p. 246 selbir.

§ 37.

Zahlwörter.

1271 funfi III 14; 1274 vieri II 21; 1275 vunfi III 23; 1279 nŭni III 42; 1277 sibeni, sibini III 34; 1284 vieri (2) III 57; 1285 vunfi III 64; 1287 sibeni III 67; 1288 ehtewi II 99, III 70; 1289, 1299 nŭni III 74, 130.

B. Conjugation.

§ 38.

Starke Verba, Anomala.

i) 1261 varint I 358, geschihit I 359, anegeschint I 358, sulint I 358, sulin (1. Pl. Prs.) I 358, kumint, werdint I 359, widergebin, hattin lazin (inf.) I 359, genomin (p. pt.) I 358, gegebin I 359, viengint I 371; 1262 gebin (inf. I 388; 1263 abegiengi (3. sg. conj. prt.) I 393; 1293 gesehint, geschehin, gelegin III 93; 1296 gesehint, gegebin, lesin III 110; 1300 werin II 183 (3. pl.); 1326 schaffin III 413.

Anmerkung: Rappoltsteinisches Urkundenbuch:

1317 sehint, lesin (inf.), kommin (inf.), beschehin (p. pt.) usgenommin (p. pt.) geschribin (p. pt.), gegebin (p. pt.) I 247, 248.

Cartulaire de Mulhouse:

1295 teti, wurdin I 96; 1324 sprichit I 133.

§ 39.

Schwache Verba.

i) 1261 leistin (inf.), habin (inf.), roubint I 359, gelobit, koufit I 358; 1262 pfendit I 375, gilobit I 389, 393; 1267 gebessirt II 9; 1271 ze habinne III 13; 1277 gehebit III 34; 1286 gemanit, gehenckit II 68; 1326 manti II 420.

Anmerkung: Rappoltsteinisches Urkundenbuch:

1304 bewendit I 185, 1317 hőrint I 247.

Cartulaire de Mulhouse:

1295 lebti, gevragit I 196; 1324 gevertigit I 133; 1324, 1326 gehenkit I 133, 135.

Was von den i, u, ŭ der Präfixe, Mittelsilben und schwachtonigen Silben § 29 gesagt ist, gilt auch von ihnen in den Flexionssilben, soweit sie alte kurze Vocale vertreten. Auch sie haben in unserer Periode keinen Lautwert mehr, sondern stammen gleichfalls aus der Schreibtradition. Eingehendere Behandlungen erfordern die an Stelle von altem ĭ auftretenden ĭ. Behaghel vertrat in seiner Schrift: Zur Frage nach einer mhd. Schriftsprache die Ansicht, dass die Fälle in denen die Strassburger Urkunden i für ĭ aufweisen, an Zahl zu gering seien, um zu bestimmen, ob im Elsässischen diese i tatsächlich Vertreter des alten ĭ wären (a. a. O. p. 57), wie in den übrigen alemannischen Dialekten (Behaghel: Deutsche Sprache § 50, Brandstetter: Luzerner Kanzleisprache 1250—1600 §§ 19, 48, 122 und desselben Verfassers Prolegomena § 69, Hoffmann: Vocalismus von Basel-Stadt § 222). Um von Behaghels Resultat abgehen zu dürfen, hätte man im Stande sein müssen, das Material bedeutend vermehren zu können. Das war aber nicht der Fall. Erwägt man aber, dass es in allen drei Urkundenbüchen nur eine kleine beinahe die gleichen Worte umfassende Kategorie ist, ferner, dass die Verwendung als eine rein formelhafte sich zeigt, so wird man kein Bedenken tragen, sie der ahd. Richtung zuzuweisen. Der formelhaften Verwendung verdanken sie ihre Erhaltung. Zu diesen Gründen kommt noch hinzu, dass die Mundart, wie bereits öfter betont, schon in unserer Periode die vollen Endungen zu e abgeschwächt hatte.

An Stelle von iu erscheint wie heutzutage i in tôdigi (a. pl. n.) und gûti (a. pl. n.). Der heutigen Mundart entsprechend zeigt im Nom. Acc. Pl. Masc. biderbi das i. Vgl. Sütterlin § 97.

Sütterlin constatirt § 98 gelegentliches Eintreten von i im Masc. und Neutr. bei nachdrucksvoller Redeweise. Dies ist zweifellos Tonerhöhung im Sinne Kauffmanns. Begreiflicherweise findet sich kein Beleg in den Urkunden, aber auch die anderen Schriften weisen keinen Fall auf, nur die elsässischen Predigten (1362) Alemannia I p. 82 der heiligi geist, 70 der iungisti tag.

Consonantismus.

A. Die Labialen.

§ 40.

b. p.

Lautwertlich zusammengefallen erscheinen sie schon in den frühesten Urkunden des Strassburger Urkundenbuches. Nur in den Fremdwörtern, deren Ursprung wenigstens den Schreibern der Urkunden noch bekannt war, ist mit Vorliebe der Unterschied festgehalten.

a) Anlaut.

1265 balmetage I 447; 1289 palmetage III 74; 1279 balmetage III 41; 1291, 1297, 1300 palmetage III 113, 120, 133; 1313 briester III 230; 1266 priester III 1; 1324 brotbang III 320; 1295 protbecker.

b) Inlaut.

Auch hier ist der Unterschied in den Lehnworten noch nicht ganz verwischt.

1264 abbet I 464; 1262 appet I 367; 1301 ebbetissin III 134; 1313 eptissin III 226; 1314 abbet II 278; 1314 appet II 278.

Sonst kommen b wie p unterschiedslos in denselben Worten vor, z. B. lieblich (II 464) lieplich (II 464). Strazburg, Strazpurg. Geisboltsheim, Geispoltsheim. Die von Weinhold al. gr. p. 121

sowie besonders von Socin: Schriftsprache und Dialekte p. 131 erwähnte Gemination des b zum Zeichen der Kürze des vorhergehenden Vocals als für das Elsässische charakteristisch, findet sich in der Tat nur bei Rulmann Merswin und in den Schriften des Gottesfreundes (ed. C. Schmidt, Wien 1866). Es ist eine so durchaus vereinzelte Erscheinung, dass Denifié nicht ohne Grund auch hierin einen Beweis für seine Behauptung, Merswin und der Gottesfreund seien identisch, erblickt (vergl. Z. f. d. A. 24, 327). Einige Beispiele mögen hier Platz finden:

p. 3, 11, 18, 37, 114, 123, 137 abbe; 8, 57 habbe; 19, 20 bebbeste; 6, 136 habbende; 21 bobbest; 102, 108, 118, 138, 141 habben; 18 gebben; 50, 55, 138, 141, 143, 147 geschribben; 38, 39, 43 abber; 86 gobbent; 94, 98 blibbent; 129 gobben.

Ebenso liessen sich aus dem „Buch von den fünf Mannen" zahlreiche Beispiele anführen.

c) Auslaut.

Herrschend ist p.

gap, behuop innerthalp.

d) mb. hat sich noch nicht durchaus zu mm entwickelt:

1261 bekumbern I 356, zimberlúte I 395; 1273 bikumberen III 18; 1276 zymbermanne III 27; 1270 kumberes III 10; 1274 bekumberunge III 27; 1300 bekümbernisse II 176; 1304 lember II 203; 1303 bekümbert II 195; 1314 bekumberen II 271.

e) Das einzige Beispiel für die später so häufige Erscheinung der Entwickelung eines b, p zwischen m und Dentalis bietet

1313 einen benempten zins III 230.

§ 41.

ph. pf.

Unsere Urkunden bieten nur wenige Beispiele:

1261 phafheit, phafen I 356; 1274 phlegere III 23; 1285 phinkestwoche III 61; 1299 phrunden III 125; 1299 pfennige III 126; 1302 phfennige III 146; 1297 pfundunge, pfandunge III 118. Vgl. Weinhold Al. Gr. p. 121 flgd.

§ 42.

f. v.

a) Im Anlaut werden f, v promiscue gebraucht:

vatter, fatter; geverde, geferde etc.

b) Im In- und Auslaut ist die später so beliebte Verdoppelung des f schon jetzt häufig zu belegen, während sie für den bedingten Anlaut nur in 1329 entffremdet II 459 vorkommt.

1266 coufferin III 1, brieff, uff III 1; 1263 bischoff I 394; 1272 uff, daruff III 17; 1276 uff, hoffestat III 27; 1276 brieff, hoffesessen III 27; 1279, 1283 verkouffen; 1290 brieff, zwölffhundert III 80; 1313 koffen; 1325 helffer II 398, 405. Vgl. Weinhold Al. Gr. p. 125.

Anmerkung: Nur Merswin giebt noch Beispiele:

p. freffenliche, 43 freffeln, 46 freffelliche, 54, 64 freffelliche, 92, 97 begriffet etc. Parzifal 82 schoffen.

c) v > w.

1261 ewangelisten I 369 [11]; 1263 witzetûm I 405 [13]; 1309 würkouft II 221; 1311 würkouft III 210, 1314; cowent, worgenant, gewêrde, howestatt, wûrgeschrieben III 255; 1314 dowenhus III 255; 1323 wiertzig II 379. Vgl. Weinhold Al. Gr. p. 125.

B. Die Dentalen.

§ 43.

d. t.

a) Im Anlaut herrscht völlige Willkür im Gebrauch der beiden Zeichen.

1262 dag I 370, 382, 383; 1264 tag I 379, 382; 1262 Steinnenburgedor I 389; 1264 St.—tor I 424; 1264 tunrestag I 419, 420; 1266 dûmherr III 1; 1271 tûmherr III 13; 1287 dunresdag II 86; 1296 dusent II 160; 1287 tusent II 86; 1323 dûn II 380; 1323 getan II 380; 1325 drûzehen II 397; 1325 trûzehen II 400. Ebenso bei Merswin und Closener.

b) Im Inlaut ist bei einfachem t dasselbe Schwanken wie im Anlaut zu beobachen z. B.:

1261 vorgenande 379; 1262 rade I 379, 380, 381, 382; 1262 rate I 379; 380; 1262 Margreden I 368; 1262 Margarete I 373; 1262 mendag I 357; 1292 mentag II 144; 1323 brande II 378.

tt im Inlaut ist mit Ausnahme von:

1315 gotdes II 284; 1325 hovestetden III 331; 1325 stetde III 329; 1326 stetde III 333, 336, 339 in unseren Urkunden allein zu belegen, sowie 1283, 1292 fritdag II 59, 140; 1261 virbotten, enbuttent I 356, zwelfbotten, botten I 360; 1262 urtteil, gebotten, rihtter I 374; entwurtten I 373; 1263 vatters I 389, 390; 1263 bêtte I 379, 380, 400; satteler I 395; 1264 bette I 427, 429; 1271 spittal, bette III 14; 1272 zwölfbotte III 17; 1275 bette III 23; 1277 vattere III 34; 1282 vattere III 53; 1275, 1282, 1284 spittal III 23, 52, 57; 1287 botten II 85; 1288 spittal II 98, 99; botten II 95; 1290 dette II 159; 1290 spittal, gebetten III 80; 1292 botte II 141; 1298 gebetten II 161, botten II 169; 1299 gebetten III 126; 1303 spittal III 158, widerbotten II 194; 1305 spittol III 173; 1307 rehtte III 184; 1308 gebotten III 187, dohtter III 184, rehtten III 185; rehtten, sůniehtten, wihennahten III 185; 1309, 1313 gebotten III 194, 228; 1315 spittal II 284; 1318 zitten II 313; 1919 gebetten II 343; 1320 hüttig II 350; 1323 spittal II 379; 1326 bette III 334, gebotten III 329; 1326 zwelfbotten III 339; 1327 enbotten II 435.

Anmerkung 1: Diese Verdoppelung des t zum Zeichen der Kürze ist schon sehr verbreitet:

Cartulaire de Mulhouse:

1312 gebetten I 114, bette I 115; 1326 gebetten I 135; 1326 zwelfbotten I 135; 1329 gůtter I 137; 1329 lůttiges, vertigotte I 138; 1336 gůtter I 150, friheitten, bette I 152.

Merswin:

p. 13, 16, 18, 25, 27, 36 etc. natture; 91, 114, 143, 147 fatter; 114 annebettent 101 tetten wir.

Parzifal:

p. 84 geritten, gebitten, 716 arzatte, 85, 202, 286, 305, 312 etc vatter 376 erbotten, 580 gebotte, 646 gnotten.

Closener:

p. 42, 49 vatter, 52 rotte, 54 botte, 53, 57 vatter.

Königshofen:

p. 802 gebotten, 804 erbotten, 811 erbetten.

Anmerkung 2: Wieder nur bei Merswin begegnet man der Verdoppelung des d z. B.

p. 38, 65, 114, 133, 135 wedder; 59, 67, 75, 77, 89, 90, 102, 140 odder; 44, 48, 62, 64, 68, 85, 88, 111, 143 redde; 43, 55, 87, 92, 103, 124, 136 lidden etc.

Anmerkung: 3. Ausfall des inlautenden t ist einigemale belegt.

1261 amblůte I 356; 1314, 1315, 1320, 1325 geislich II 262, 345; 1320 geischlich II 315; 1327 branschetze II 422.

c) Im Auslaut steht d selten.

1286 kund II 68; 1271 iargecid III 14; 1308 stod III 194; 1318 hond III 269.

Anmerkung: Bei Merswin und auch sonst ist d öfter zu belegen.

Cartulaire de Mulhouse:

1326 p. p. bered I 135.

Rulman Merswin:

p. 3 mid; 4, 7, 10, 19, 23 mid; 27 dod; 48, 61, 77 dunked; 114 gid.

Verdoppelung im Auslaut nur

1319 gitt, hett II 336; 1323 berett II 380.

Anfügung eines t:

1277 zwischent III 35; 1279 hierzwischent III 42; 1288 hinnant II 96; 1297 dernebent III 121; 1313 geschaht II 254; 1299 zwischent III

125; 1314 zwischent III 236; 1325 hinnant II 406. Vgl. Weinhold Al. Gr. p. 140.

§ 44.

z

wird im An- und Inlaut häufig durch c wiedergegeben.

1262 ce, ceineme I 376, cistag I 366, 376; 1262 unce I 369, 371, 383; 1270 viercehen III 10; 1276 cile II 34; 1300 dricehen II 183.

Anmerkung: Rulmann Merswin hat nur c:

p. 9 cit, herceliep; 12 luccel; 16 unce; 83 carte; 68 scheccen; 51 citen etc.

Es steht bei ihm auch im Auslaut:

p. 8 kurc, 17 swarc, 138 ganc.

Oft wird z durch tz und cz wiedergegeben, sowie durch sz: 1262 sehtzig I 381, 382; 1263. 1264 viertzig I 401, 423; 1264 viertzehen I 423; 1266 untze III 1; 1287 viertzehen; 1313 sechtzig III 228; drůczehen (2) III 230; 1315 hertzogen II 279; 1324 ietzend III 319; 1308, 1313, 1316, 1317, 1318 drützehen III 185, 228, 255, 260, 271; 1314 uncze, unczuht II 262; 1317 sibentzehen III 251; 1321 münsze, münszemeister II 355.

Im Anlaut s statt z in

1262 swei, sweier, sweihundert I 389; 1309 sinsdage III 194.

§ 45.

z

wird durch sc und s wiedergegeben:

1262 schultheisce, eitgenosce I 377, 378; 1292 husgenoscen II 145; 1262 samestage I 389; 1300 drisig II 184.

§ 46.

s.

Tritt s an flexivisches t oder d, so wird es durch z vertreten: 1261 gotz, megezhus I 373; 1266 ratz III 1; 1272 Cunratz vogtz, geltz, rotz III 17 ebenso bei Anlehnung des Pronomens an das Verbum: 1298 megentz II 148.

Anmerkung: Merswin giebt öfter anlautendes s durch z wieder, z. B.:

p. 18 zwach, zwerende; 20 zwere; 52 zwerende; 58 zwere, fürzwigent; 64 zwach; 66 zweigen; 67 zwerlich; 69 zwer; 70 zwarc; 94 zwere. In den Urkunden nur einmal belegt: 1263 zwederthalb I 404[21].

§ 47.

sc, sh, sch

haben den Lautwert sch und treten schon früh im In- und Auslaut für s auf.

1262, 1300, 1301, 1319 bisschof I 394, II 176, 187, 343; 1261 entzwuschen I 377, enswuschen I 369; 1261 entzwuschen I 367, 378, entswuschen I 381; 1261 entzwischent I 382, giselschefte I 389, 372, 377, 378, 382; 1261 geschriben I 371, 375, 378, 383; 1261 shade I 371, 373, shulde I 383; 1261 sculdig I 380; 1261 allershlahte I 372, 377, 378, 383; 1262 Dietrich der Shmit I 379; 1286 gesworn II 67, 68; 1291 smit III 85; 1295 under den smiden III 104; 1300 swert II 183; 1300 swarz II 184; 1301 gesworn II 187; 1261 bischtûm I 356, 365, 373; 1318 geischlich II 315. sch wird also schon sein heutiges Verbreitungsgebiet inne gehabt haben. Vgl. Sütterlin § 71. Weinhold Al. Gr. p. 159.

C. Die Gutturalen.

§ 48.

g, k.

Im Anlaut sind die mhd. Verhältnisse gewahrt entsprechend der heutigen Mundart (Sütterlin §§ 72. 1; 73a). Im In- und Auslaut dagegen herrscht regelloser Gebrauch von g und k:

brotbang, brotbank; burg, burc; phingestwochen, phinkestwochen; enweg, enwec; gevengnis, gevencnis; marg, marc.

Ferner: beggi, becki; agger, acker.

cg findet sich

1304 marcge III 166; 1327 gehencget II 428, 432; 1328 dacg, macg III 365. Vgl. Weinhold Al. Gr. p. 184.

Anmerkung: Merswin enthält zu diesem Capitel eine Fülle von Belegen:

Parzifal:

p. 90 getranc, twang, dang, 21 werg, 24 folg, 111 marg, marc. Dann aber führt er auch hier die Verdoppelung nach kurzem Vocal durch: p. 77, 86, 108, 134 geggen; 19 leggen; 84, 87, 92, 97, 106, 108, 128 feggefúr; 87, 129 fúrweggenlich, 65 gesiggen; 12, 140 stiggent; 95, 140 freggen.

gk.

p. 9, 12, 13, 26, 39, 44, 45, 47, 61, 86, 94 digke; 118, 137, 140 digke; 33 sorgkliche; 34 sorgklichen; 134 ougenbligke.

g steht für j vor e und i.

1275 giensite III 27; 1273, 1285, 1292 ginsite, III 34, 61, 89; 1292 frûgem II 141; 1317 gensite III 260; 1325 genesiten III 329.

Anmerkung. Merswin: p. 49 gungen, 52 gemmerlich, 58 gungest, 63 frigen auch hier Verdoppelung p. 6, 17, 75 schriggende; 36, 40, 55 friggen. Vgl. Weinhold Al. Gr. p. 184.

§ 49.

ch.

a) kommt anlautend nur 1314 chirchen I 262 vor.

b) auslautend wird es durch c und g ersetzt:

1299 durg, beschag III 125, 127: 1298 beschag II 169; 1313 beschac III 230; 1316 moctent, recte, mocte III 225.

Anmerkung. Merswin setzt umgekehrt oft für auslautendes c das ch.

p. 2, 8, 93, 113, 131 erschrach, úrschrach; 47, 49, 133 schuldich; 11 sach. Vgl. Weinhold Al. Gr. p. 191.

§ 50.

h

gewöhnlich für ch gebraucht, tritt es aber auch als Dehnungs- oder Hiatuszeichen auf.

a) Es ist Dehnungszeichen in

1264 ohsterwochen I 421; 1267 ohsterwochen II 4; 1271, 1273 ohstern III 13, 19; 1271 clohster III 13, 14, trohste III 13; 1277 clohsteres III 34; 1298 brehchen (1. conj. Praet.) III 169; 1298 thetent, gethan, abgethan, stehte, II 196; 1298 ohsterwochen II 196; 1299 lehbart III 126; 1309 ohsterwochen III 194; 1312 selgerehte III 220; 1318 thunt (1. 3. pl. Prs.) III 275; 1329 zahlte III 372; 1331 vahsennacht II 479.

Dass h in diesen Fällen wirklich als Dehnungszeichen gebraucht ist, geht daraus hervor, dass gerade die angeführten Wörter sehr häufig mit dem sonst üblichen Dehnungszeichen versehen sind, z. B.:

1261 irlâzen, stá, ûzer werliche, rate I 354; 1261 râtes, áne, nótzoc kóme, géstlich I 355; 1261 ungnáde, wâren, ére, jar I 481; 1263 husgenôszen, nôt, stêt; 1264 rât, êrsten I 439; 1292 getân, getât, stête, gemêze II 144; 1294 ôsterwochen III 98; 1302 clôster III 148, 150.

Anmerkung. Merswin ist reich an Beispielen besonders für th:

p. 24, 25, 26, 39, 46, 47, 48, 57, 93 bihther; 5 gethûn, 6 luther, 13 thoreht; 18 gedohthe; 60 thette.

Als Dehnungszeichen ist auch das h in phinlich (p. 26) aufzufassen mit: Weinhold Al. Gr. p. 122 Verschiebung von anlautendem lateinischen p in ph darin zu sehen dürfte unnötig sein. Über die Stellung des h vor i s. weiter unten.

b) Als Hiatuszeichen ist h aufzufassen in nachstehenden Fällen. jh ist wohl ein Versuch, für den Lautwert des j ein Zeichen zu schaffen, da unser heutiger Buchstabe noch nicht im Gebrauch war.

1299 cihestag III 130, II 193; 1313 verjhihe II 256; 1313 ihinsit III 269; 1312 cihestag II 293; 1331 vahsennacht II 479.

c) Eigentümlich ist eine besonders bei Merswin oft vorkommende Versetzung des h (ch) vor dem Vocal, auf den es folgen oder hinter den Consonanten, dem es voraufgehen sollte.

1264 thoter I 444; 1262 ambath I 374; 1313 rethe II 255, 257; 1313 gerithe II 254; 1315 reth, gerithe, nith II 282; 1325 thoter III 329; 1326 thoter III 340.

Anmerkung 1. Einige Beispiele aus Merswin:

p. 7 forthe, 12 důthe, 20 duthe, 79 gebrůthe, 106 lúthent, 113 forthe, 134 liethes, 69 follebrothe, 101 lithfar etc.

Anmerkung 2. Es muss noch bemerkt werden zu *a)* dass h auch bei Kürzen steht:

1274 mathen III 22; 1262 thuomprobest I 377; 1298 ahtten, brehsten II 169; 1299 ahtten III 125. Vgl. Merswin p. 65 gesihthe, 71 rihthen.

D. Die Liquiden.

§ 51.

l.

a) Es fällt aus in:

sun I 373 (3. pl. prs. ind.), as II 254. Vgl. Parzifal p. 67, 95, 180, 186, 191 etc. sönt; 114, 659 went.

b) Wechsel mit r: priolin III 149, 242, 255, 270.

§ 52.

m.

a) Es erscheint sehr oft nach Kürzen verdoppelt, wie es nhd. zum Prinzip erhoben ist.

1261 summeliche, annemment I 355; 1261 nimmet, virnommen I 355, nemmet I 356; 1261 imme I 356, ersamme I 357; 1261 nemmeliche, ersamme, summeliche I 364; 1261 virnommen I 354, nemmen (1. pl. Prs.) I 365; 1262 nemmen, cummen I 373; 1262 demme, imme (4) I 373, 374, usginummen I 378; 1262 mit nammen I 382, 374; 1263 kummene I 405, êrsamme, ubereincummet I 406; 1263 ginummen I 406; 1263 kummet I 403; 1263, 1264 usginummen I 401, 403, 406, 420; 1264 kummene I 419; 1264 uzgenummen I 420, sammestage I 439; 1270 bi nammen III 9, genummen III 10; 1270 nachkumme III 10; 1271 sammestag II 13; 1274 kummen, gesammenter III 22; 1275 gesamment III 22, 26; 1276 sammenunge II 34; 1285 gesammenter III 60; 1308 imme III 188; 1312 mit nammen III 220; 1314 sammesdage III 234; 1315 imme III 246; 1325 sammesdage III 328.

Anmerkung. Weitere Beispiele im Parzifal:

p. 409, 525 kumme, 526, 601 imme; 418, 469, 508, 532, 542, 544, 569, 573 namme; 482, 502, 611, 623 kammer; 577 schammerot.

Rulmann Merswin:

p. 3, 10, 55, 91, 107, 111, 143 fremmede; 18, 31, 43, 48 schemmeliche; 6, 22 nemmen; 40, 57 etc. nemmenete.

Closener:

p. 41 herkommen, 76 kummen, 78 vrummen, 82 kummen etc.

b) m > n.

1276 anbahtlüte II 34, 1319 unbe II 337.

§ 53.

n.

Zu erwähnen ist die Einschiebung eines n vor s, c, h.
1263 flizenclich I 395; 1264 denheinre I 423; 1279 Stransburg III 41; 1302 zinsdag III 149; 1314 denheinre II 269; 1315 stetenclich II 282; 1315 ewenclich II 282; 1324 denheiner III 309; denheinre II 427. Vgl. Weinhold: Al. Gr. p. 170.

Anmerkung. Parzifal weist dies n auf:

p. 1, 33, 34, 64, 110. 135, 177, 186, 196 wenning; 212, 215, 217, 237 251, 391 etc. wenning; 34, 47, 55, 91, 93, 145, 149 etc. wunnenclich; 586 vollenclich.

Merswin:

p. 16. 98, 101 minnenclich.

Anmerkung 2. Merswin hat auch bei n die Verdoppelung zum Zeichen der Kürze in ausgedehntem Masse, z. B.:

p. 26, 36, 38 meinnende; 50 sinne; 37, 39, 66, 67, 68, 71, 76, 81—89 wonnende; 94, 95, 97, 98, 103, 108, 112, 119 wonnende; 111 reinne, 114 keinne, 73 einne.

Flexion.

A. Conjugation.

§ 54.

Die Conjugation steht noch fast durchaus auf mittelhochdeutschem Standpunkte. An unbedeutenderen Abweichungen sind zu bemerken:

1. die Endung der 3. Pl. Prs. Ind. ist in die 1. Person Pl. gedrungen.

2. die Endung wird unterdrückt in geret I 383, II 194, 195; beret II 168, 169.
3. die Vorsilbe ge fehlt häufiger: geben I 367, 372; geben I 337, 429; II 30, 130, 226, 406, 474; III 30.

Ausserdem sind noch hervorzuheben:

git (3. Sg. Prs.) II 145, 215; III 17, 66, 72.
gen (1. Pl. Prs.) I 368, 374.
gent (1. Pl. Prs.) II 96; III 19.
gent (3. Pl. Prs.) I 464, 466; II 159; III 60.
gen (Inf.) I 368.

Es sind die noch heute in der Mundart gültigen Formen, s. Sütterlin § 86, 1. Hierher gehört auch gischen I 397 [1] Sütterlin § 86,6.

Die sonstigen bedeutenderen Veränderungen werden nachstehend aufgeführt.

§ 55.

Starke Verba.

In den Ablautsreihen finden sich nur geringe Störungen:

Part. Prt. von nemen lautet schon oft: genummen I 398, 401, 403, 420; III 10 von kiesen einigemale gekosen I 369, 423, 424. Vgl. Sütterlin § 85.

Das Verbum komen hat überwiegend die Formen mit u:

Prs. sg. 3. kumet I 394; III 8, 117.
kummet I 403, 439; III 21, 26.
pl. 3. kummet I 384; II 194.
kumment III 72.
koment III 117.
Prt. sg. 3. kom I 373; III 390.
pl. 1. kament III 340.
Inf. kumen III 149.
Part. Prt. kumen III 52; II 202.
komen III 390.
uberein cummen I 373, 394.
uberein comen I 377, 408, 422; 432, 445, 446.

Unregelmässige Verba.

§ 56.

a) Praeterito-Praesentia.

Suln.

Ind. Prs. sg. 3. sol III 1, 226.
pl. 1. suln I 357; sulen I 370.
sullun I 360.
sulent I 370; II 169, 217.
sulnt I 390, sülent III 226.
sullent III 262; II 140.

Ind. Prs. pl. 3. sun I 373, sulnt III 13, 14.
süllent II 379, III 189.
solent III 144.
sullun I 360.

Anmerkung: Aus dem Parzifal sind anzuführen:
p. 67, 95, 180, 186, 191, 193, 205 etc. sönt.
Cartulaire de Mulhouse: 1326 sönt I 135.
Ind. Praet. sg. 1. solti I 378.
pl. 3. solten I 357.

§ 57.

b) Das Verbum tůn.

Ind. Praes. sg. 1. tů I 393, 399, 405, 406, 410, 428, 429.
dů II 68; III 84, 353; tů II 4, 20, 66, 271.
tůn I 377; II 21, 142, 160, 198, 191, 218, 254, 257;
III 42, 151.
důn II 435.
Ind. sg. Prs. 3. tůt III 126, důt II 68, 179.
pl. 1. tůn II 409.
tůnt I 375, 382, 389, 395, 401, 459.
II 202, 217, 226.
III 15, 23, 33, 41, 47, 52, 67, 93, 130.
důnt II 159; III 98.
tunt II 225; III 26, 126.
dunt III 117.
pl. 3. tůnt, entůnt III 14.
Infinitiv: důn II 179, 180: III 118.
abdůn II 159.
abetůn II 287.
ze tunde II 169.
ze tůnde II 281.
Part. Praet. getan II 143; III 151.
geton III 1, 365.
gedon II 298.
widertan II 143.
gedan II 298.
Praet. Im. pl 1. dotent II 141.
tatent II 225.
dattent II 472.
datent II 450.
Praet. Conj. sg. 1. tete II 143, 198.
3. tete II 209, 133; dete II 215.
dette II 159; deite II 443.

pl. 1. detent II 397, tetent I 410.
deitend II 443. 447.
thetent II 169.

§ 58.

c) Das Verbum sin.

Praes. Ind. sg. 1. bin I 393.
pl. 1. sint I 367, 389. 390, II 456.
sin I 372, 382, 401; II 4.
3. sint I 3, 68, 399; III 270.
Praet. Ind. Pl. 3. warent I 368, 397.
worent III 75, 90; III 183.
Part. Prt. belegt bei Merswin:
p. 65, 70, 88, 94 gesin, 124 gewesen.
Vgl. Sütterlin § 88, 3

§ 59.

d) Das Verbum han.

Praes. Ind. Sg. 1. habe I 393, 429; II 198. 361; III 13, 198, 211.
han I 406, 424; II 20. 68, 198, 287; III 10, 13, 14, 23, 84, 90, 260.
3. hat III 19.
het I 369. 374. 451, 459, 464; II 9; III 1, 14, 15. 23, 33, 41, 48, 61, 62, 73, 89, 125, 126, 130. 174, 211, 228, 233, 339; II 9, 141, 226, 269, 280, 337.
Pl. 1. hant I 354, 355, 366, 400, 406. 429, 446; II 9, 21, 43, 194, 267, 283, 337, 452; III 10, 21, 23, 34, 84, 87, 334.
han I 408, 410, 429; II 140, 195, 207, 226, 301, 339; III 10, 13, 23.
hân I 359, hânt I 358.
habent II 194; I 421.
haben I 390, 393, 429; III 334, 339, 340.
Pl. 3. hant II 21.

Anmerkung: Die 2. Person Sing. Ind. Praes. ist belegt:
Parzifal p. 9 hest (3).
Merswin p. 3, 5, 7 etc. hest.
Vgl. Sütterlin § 88.

Ausserdem ist zu beachten:
1. pl. ind. hont II 480 (1331).
Praet. Ind. Sg. 3. hatte I 410, hatti II 183.
hate I 359; hettu I 406.
hette II 9.

Pl. 1. hetten III 19; hettent III 19, 34; II 14, 20.
3. hatte I 374; hettent I 356.
hettunt I 399, 400, 406, 410.
Praet. Conj. Sg. 3. hette III 34, 198, 339; II 179, 143, 192.
sg. 1. hette II 198.
Pl. 3. hettent II 20, 145; III 210.
Infinitiv: han I 389; III 48, 62.
Particip. Praet. gehebit III 34, 84.
gehebet II 194, 343, 393, 432
ufgehebet II 424.

Deklination.

§ 60.

Da die Endungen schon im Vocalismus behandelt werden mussten, so ist über die Deklination wenig mehr zu sagen. Sie ist in der Struktur noch ganz mittelhochdeutsch.

Auffallend ist der Dat. stat I 367, 395, 396, 403; II 169, 282; III 40.

Aus diesen Fällen lässt sich nicht feststellen, ob Anzeichen einer beginnenden Flexionslosigkeit vorliegen oder nicht.

Schlussbemerkungen.

In der Einleitung ist als Aufgabe vorliegender Abhandlungen angegeben worden die Herausschälung des mundartlichen Elementes, das in den elsässischen Urkunden des Strassburger Urkundenbuches sich zeigt. Stillschweigende Voraussetzung war die Annahme einer einheitlichen, sich wesentlich von der Mundart unterscheidenden Urkundensprache: eine Voraussetzung, die ihre volle Bestätigung findet in den zahlreichen Verträgen, die Strassburg und andere Orte des Elsasses, der Bischof und der Adel des Landes mit auswärtigen Städten oder Dynasten schlossen. Von dieser Urkundensprache gilt, was Brandstetter von der Luzerner Kanzleisprache sagt: „Das geschriebene Idiom zeigt eine sehr grosse Ähnlichkeit mit der so geheissenen mhd. Schriftsprache, wie sie uns in den Klassikerausgaben entgegentritt. Man kann sagen, dasselbe sei ein etwas modifiziertes, ein weniger reines Mhd.“ (R. Brandstetter: Die Luzerner Kanzleisprache 1250—1600 § 4.) Und diese Sprache hält sich wie die Luzerner bis gegen Ende des 15. Jahrhunderts, wie schon in der Einleitung gezeigt wurde. (Vgl. Brandstetter a. a. O. § 61.) Besonders wichtig für diesen Punkt ist der Unterschied, der zwischen den von Konrad Dangkrotzheim ausgestellten Urkunden (Zeitschrift für Geschichte des Oberrheins Bd. II 323--326) und seinem Namenbuch besteht (Pickel p. 3 flg.). Eine weitere Richtung, die sich in den Urkunden bemerkbar macht, zeichnet sich aus durch Bewahrung altalemannischer Formen: ihr wurde mit Brandstetter (a. a. O. § 34) die Bezeichnung Althochdeutsche Richtung beigelegt. Ihr Auftreten ist ein Charakteristikum der ältesten deutschen Urkunden.

Den ihr angehörigen Formen musste jeder Lautwert abgesprochen werden, weil die daneben vorkommenden dialektischen Belege bereits die Neigung der Mundart, die Endungen ganz fallen zu lassen, zeigten. Dies musste zu der Annahme führen, dass die Schreiber im Anfange der deutschen Urkundung sich auf älterer Lautstufe stehender Vorlagen bedienten. Dadurch fanden auch Schreibungen wie robei, Zorneis etc. eine befriedigende Erklärung. Beachtenswert ist, dass diese ahd. Richtung besonders ausgeprägt erscheint in Urkunden von Städten wie Neuenburg, Hagenau, Mutzig etc., die im Verhältnis zu Strassburg von weit geringerer Bedeutung waren. Ebenso wenig ist ausser Acht zu lassen, in welcher Art von Urkunden diese Richtung vorkommt. So ist weitaus die Mehrzahl der Formen mit vollem Vokal im Freiburger Urkundenbuch in den drei Verfassungsurkunden dieser Stadt enthalten, doch so, dass jede neue Fassung eine steigende Anzahl von abgeschwächten Vokalen enthält. Mit dem Ende des Jahrhunderts scheint die ahd. Richtung überwunden, was Strassburg anbetrifft. Was später noch von derselben vorkommt, verdankt seine Erhaltung lediglich der formelhaften Verwendung bestimmter Ausdrücke. Verdrängt wird die ahd. Richtung durch die mhd. Schriftsprache und die Mundart. Der Kampf zwischen diesen beiden ist, wie in der Einleitung schon erwähnt, erst um die Wende des 16. Jahrhunderts zu Gunsten der Mundart entschieden. Für den Zustand der letzteren in dieser Periode konnten aus zahlreichen Fällen Schlüsse gezogen werden. Damit wird man sich aber nicht zufrieden geben. Es wird wieder die Frage auftauchen, wie weit die Schrift der Mundart nachgiebt, ob sie eine mundartliche Veränderung, sobald sie herrschend geworden ist, auch sofort wiedergiebt oder ob sie konservativ, auch in dieser Epoche, an den überlieferten Formen der mhd. Schriftsprache festhält. Es ist schon erwähnt, dass Konrad Dangkrotzheim in seinem Namenbuch dem Dialekt weit mehr Spielraum gestattet als in den von ihm ausgestellten Urkunden, die ausser zú, hůndert keine mundartlichen Elemente aufweisen. Und sie stammen aus den Jahren 1410 und 1440! Also 150 Jahre nach dem ersten Auftreten von ô für â, 100 Jahre nach der vollen Durchführung dieses Lautwandels hält die Urkundensprache im Prinzip an dem Hergebrachten fest. Dies zeigt deutlich, dass es der Willkür des Einzelnen freistand, wieweit er der Mundart nachgeben wollte oder nicht. Es rechtfertigt die Behauptung, dass mit dem ersten Auftreten eines mundartlichen Vorgangs in der Schrift die gesprochene Sprache ihn schon lange durchgeführt hat, wie aus dem hartnäckigen Festhalten einerseits an der ahd., andererseits an der mhd. Tradition hervorgeht. Daher konnten die 70 Jahre Sprachentwickelung, die uns in den Urkunden vorliegt, als eine Periode behandelt werden. Dies gab auch die Berechtigung, spätere Schriftwerke als auch für diese Periode beweisend heranzuziehen. Erschwerend für die Gewinnung eines bestimmteren Zeitpunktes für das Eintreten dieses oder jenes Lautprozesses in der Mundart ist die Erwägung, dass die Schrift nicht immer die gleiche Receptionsfähigkeit oder dieselbe Widerstandskraft gegen das Eindringen neuer Elemente besitzt. Besonders schwierig ist dies für das Mittelalter, da gar nichts, was die Handhabung der deutschen Sprache anbetrifft, überliefert ist. Als sicher erwiesen darf gelten, dass um die Mitte des 13. Jahrhunderts der elsässische Dialekt in wichtigen Punkten auf dem Standpunkt des heutigen Dialecktes sich befand. Ebenso wenig zweifelhaft wird sein, dass durchaus nicht alle mundartlichen Lautveränderungen überliefert sind. Einerseits tritt dem das Festhalten an dem Überlieferten, andererseits die Unmöglichkeit, eine Menge mundartlicher Vorgänge durch die Schrift wiederzugeben, hindernd in den Weg. Es sei hier nur an Otfried erinnert. Wieviel Mühe es Arnold kostete, die für das Elsässische besonders charakteristischen Laute áu, œ̀y etc. wiederzugeben, ersieht man aus seiner Vorrede. Zudem ist es ihm auch gar nicht in allen Fällen gelungen: alle diese Laute schriftlich zu fixieren, blieb der heutigen Phonetik vorbehalten (s. die nach Kraeuter bearbeitete Anleitung zum Stoffsammeln für das Elsässische Idioticon). Zu allem ist aber immer wieder zu betonen, dass die uns überlieferten litterarischen Denkmäler gar nicht im Dialekt geschrieben sind, sondern in einem mehr oder weniger modifizierten Mhd. Ebenso die Urkunden, sobald die ahd. Richtung die ausschliessliche Herrschaft verloren hat. Ein Beispiel der reinen Urkundensprache ist No. 480 des 1. Bandes des Strassburger Urkundenbuches: dieselbe kommt tatsächlich der Schriftsprache so nahe, dass an der Existenz einer solchen gar nicht gezweifelt werden kann. Denn einmal muss die Sprache, wie sie uns hier entgegentritt, Geltung besessen haben. Was Tradition werden konnte, muss einmal lebendig gewesen sein: die Buchstaben müssen einmal im Besitze ihres Nennwertes gewesen sein. Führt schon diese Erwägung notwendigerweise zur Annahme einer mhd. Schriftsprache, so ist die Betrachtung der zeitlichen Differenz im Eintreten mundartlicher Vorgänge in den politischen Urkunden und den Privaturkunden noch zwingender. Die Verdumpfung des â zu ô, die weitaus durch die Masse der Belege am meisten gesicherte mundartliche Erscheinung, tritt uns zuerst 1276 in Privaturkunden entgegen, erst 1283 in einer politischen Urkunde zum ersten Male. Auch in der Zahl der Fälle bleibt die politische Urkunde weit hinter der Privaturkunde zurück, wie § 3b zeigt. Ähnlich ist das Verhältnis bei den anderen mundartlichen Erscheinungen. Wenn es bei der Wandlung des u zu ü gerade umgekehrt zu sein scheint, so beruht der zeitliche Vorsprung der politischen Urkunden nur darauf, dass Privaturkunden überhaupt erst 5 Jahre später in Gebrauch kommen und ferner, dass die ersten Jahre die Überlieferung eine sehr mangelhafte ist insofern, als nur Abschriften der Urkunden zum Abdruck vorlagen, mithin für unsere Arbeit unbrauchbar waren. Soviel aber steht fest, dass der Willkür des Schreibers in den politischen Urkunden, was Handhabung der Sprache anbetrifft, viel engere Schranken gezogen waren als in den Privaturkunden. Und unter den ersteren sind die nach auswärts gehenden Urkunden am wenigsten mit mundartlichen Elementen durchsetzt. Das lässt darauf schliessen, dass man sich des Unterschiedes der offiziellen dh. Schriftsprache und des heimischen Dialektes bewusst war.

Bei dem Versuche der Beantwortung der Frage, ob die in unseren Urkunden auftretenden dialektischen Eigentümlichkeiten schon in der klassischen Epoche der Mundart angehörten, wird man über Vermutungen nicht hinauskommen. Verliert man die schon mehrfach hervorgehobene Tatsache, dass es erst spät der Mundart gelingt, in den Urkunden festen Fuss zu fassen, nicht aus dem Auge, so wird man aus dem Nichtvorhandensein dialektischer Elemente in den ersten Jahren deutscher Urkundung nicht schliessen dürfen, dass sie auch im gesprochenen Dialekt nicht vorhanden waren. So wird man â > ô schon für diese früheste Zeit annehmen dürfen, um so mehr als es in den ersten überlieferten originalen Privaturkunden auftritt. Anfangs kommen Belege dafür nur sporadisch vor und erst im Anfang des neuen Jahrhunderts, also 45 Jahre später, kommen Urkunden vor, in denen sich â und ô die Wage halten, auch wohl einmal eine, in denen ô überwiegt resp. allein herrschend ist. Dieselbe Zeit wird man in Anrechnung bringen müssen, ehe es einem mundartlichen Vorgang gelingt, überhaupt Eingang in die Urkundensprache zu finden. Wir kämen also mit den uns in den Urkunden zuerst entgegentretenden mundartlichen Elementen in das 2. Jahrzehnt des 13. Jahrhunderts als der Zeit ihrer Entstehung: es sind vornehmlich die Vorgänge: â > ô, i > ü, u > ü, û > u, ie > ü, iu > i sowie Abschleifen der Endungen wie Ersten, Racenhusen. Dass diese Formen in der Mundart herrschend gewesen sein müssen, erhellt besonders daraus, dass sie trotz der ahd. Richtung und der mhd. Schriftsprache nicht ganz zurückgedrängt werden konnten. Dass die Urkunden andere Verhältnisse gezeigt hätten, wenn man 10 Jahre früher oder später deutsch geurkundet hätte, das anzunehmen liegt kein Grund vor. Wir werden also als höchst wahrscheinlich hinstellen dürfen, dass die Mundart schon im Beginne des 13. Jahrhunderts sich nicht wesentlich unterschied von der, die uns in den Urkunden im letzten Drittel entgegentritt.

ALSATISCHE STUDIEN

4. HEFT.

HIERONYMUS BONER.

LEBEN, WERKE UND SPRACHE.

EIN BEITRAG
ZUR
ELSÄSSISCHEN LITTERATURGESCHICHTE

VON

DR. GUSTAF WETHLY.

STRASSBURG.
VERLAG VON KARL J. TRÜBNER.
1892.

HIERONYMUS BONER.

LEBEN, WERKE UND SPRACHE.

EIN BEITRAG

ZUR

ELSÄSSISCHEN LITTERATURGESCHICHTE

VON

DR. GUSTAF WETHLY.

STRASSBURG.
VERLAG VON KARL J. TRÜBNER.
1892.

Seiner teuren Mutter

in Dankbarkeit

gewidmet

vom **Verfasser.**

Die Anregung zu dieser Abhandlung empfing ich von Herrn Prof. Dr. Martin, dem ich meinen verbindlichsten Dank hier abzustatten mir erlaube. In ausserordentlicher Weise fühle ich mich Herrn Dr. Eug. Waldner in Colmar verpflichtet, der mich während der Arbeit aufs liberalste mit zahlreichen wichtigen Notizen, die er aus den Colmarer Archivalien gesammelt, versehen hat.

Strassburg, im September 1892.

Der Verfasser.

Inhaltsverzeichnis.

Abkürzungen.

Plut. = Plutarchus ed. 1542
P O. = Paulus Orosius.
J. = Justinus.
X. = Xenophon.
Chr. = Chronik des Bracellus.
U. = Ungarische Chronik des Bonfinius.
H. = Herodot.
Hd. = Herodianus.

Die Zahlen nach diesen Abkürzungen bedeuten die Folios, v = verso, r = recto. Zur bessern Orientierung ist jede Seite in drei Teile geteilt: a, b, c. —

Einleitung.

In keiner Provinz Deutschlands sind die Wirkungen der Renaissance auf dem Gebiet der Litteratur so früh und in so ausgeprägter Weise bemerkbar, wie im Elsass, das durch seine Lage gewissermassen berufen war, dem allgemeinen Strom der weltbewegenden Ereignisse frühe zu folgen und ihnen seinerseits einen eigentümlichen Stempel aufzudrücken. Mit Recht kann Charles Schmidt (l'histoire littéraire de l'Alsace à la fin du XV. et au commencement du XVI. siècle. Paris 1879 I) sagen: „l'Alsace est alors une des contrées où la littérature reflète le plus fidèlement l'état social, moral et religieux de la population, avec ses défauts et ses qualités, ses habitudes invétérées et ses désirs d'amélioration". — Der Grund liegt in dem energischen Streben bedeutender Leute, welche, mitten im Strom der humanistischen Bewegung stehend, nichts eifriger wünschten, als die neu errungenen Güter der Wissenschaft dem Volke mitzuteilen; er liegt in dem Umstande, dass der Humanismus im Elsass, um mit Scherer (Gesch. des Els. Berlin 1872) zu reden, „nationalisirt" werden konnte. —

Den grössten Anteil nun an diesem Bildungswerke nahmen die Übersetzer. In grosser Anzahl, mit Aufbietung eines energischen Fleisses und eines nicht zu verachtenden Wissens, begaben sie sich daran, ihrem Volke die Quellen zu öffnen, aus denen sie selbst geschöpft hatten. Es waren vorderhand vorzugsweise lateinische Autoren, und zwar Historiker, die so ihre Verbreitung fanden; wo griechische behandelt werden sollten, mussten, bei der damaligen geringen Kenntnis der griechischen Sprache, lateinische Versionen helfend eintreten, für deren Existenz der Gelehrtenhof des Nicolaus VI., welcher treffend eine grosse „Übersetzungsanstalt“ genannt worden ist (Voigt: Wiederbelebung des klassischen Altertums II, 159. Berlin 1880) in ausgiebigster Weise gesorgt hatte. —

Die erste Stelle in der Übersetzungslitteratur des Elsasses nimmt die Arbeit des Colmarer Ratsherrn Hieronymus Boner ein. Mit einem erstaunlichen Fleiss und einer hervorragenden Gewissenhaftigkeit verband er eine tüchtige Kenntnis des klassischen Altertums, welche ihn befähigte, manchmal besser zu verdeutschen als viele der übrigen Übersetzer. Dabei war er nicht Gelehrter von Beruf, sondern Staatsmann im Kleinen. Es war ihm beschieden, während einer Reihe von Jahren die Geschicke der alten Reichsstadt Colmar nicht ohne politische Begabung zu lenken. —

Die Verhältnisse, in denen sich Boners politische Wirksamkeit entfaltete, waren zu eng begrenzt, der Dank, den die Nachwelt einem Übersetzer entgegenzubringen pflegt, ist ein viel zu geringer, als dass Boners Name in spätern Zeiten, sei es auf politischem, sei es auf litterarischem Gebiet ein vielgenannter hätte sein können. Seine Übersetzungen blieben lange verschollen und von seiner Tätigkeit als Ratsherr und Obristmeister zeugten nur die spärlichen Acten des Archivs.

Erst Gottsched, dem wir auf litterarhistorischem Gebiete so manches zu verdanken haben, erwähnt in seinen „Beyträgen“ einige Verdeutschungen Boners. Das Jöcher'sche Gelehrtenlexicon gab einige kurze, noch unvollständige bibliographische Angaben, welche sowohl die „Allgemeine deutsche Biographie“ als auch Gödeke in seinem „Grundriss“ ergänzte, ohne dass jedoch eine Vollständigkeit erreicht worden wäre. Neuerdings hat Scherer in seiner, gemeinschaftlich mit Lorenz herausgegebenen „Geschichte des Elsasses“ Boners mit einigen Worten Erwähnung getan, an anderem Orte dagegen auf die Notwendigkeit einer eingehenden Würdigung des elsässischen Übersetzers aufmerksam gemacht. — Rocholl, in seinem Buch „die Einführung des Protestantismus in Colmar“ hat zum ersten Mal einige Streiflichter auf Boners politische Tätigkeit geworfen. —

Es ist nun der Zweck der folgenden Abhandlung, auf Grund des vorhandenen Archivmaterials, sowie einer eingehenden Untersuchung der Boner'schen Übersetzungen, ein womöglich abgeschlossenes Bild dieses Mannes und seiner Tätigkeit, seiner Spracheigentümlichkeiten und seiner Übersetzungskunst zu geben.

Boners Leben.

Das Geburtsjahr Boners zu ermitteln darf, wenn wir uns nicht auf das Spiel des Zufalls verlassen wollen, für eine Unmöglichkeit angesehen werden. Die Kirchenbücher reichen nicht so weit zurück — und selbst wenn dies der Fall wäre, würden uns die Colmarer Geburtslisten, wo wir zuerst unsere Nachforschungen anstellen müssten, den Namen Boner nicht überliefern.

Dieser Name kommt bis 1516 in keinerlei Acten der alten Reichsstadt vor. Erst in genanntem Jahre erscheint ein Stachius (= Eustachius) Boner als neu aufgenommener Bürger in den Colmarer Bürgerbüchern und später treffen wir diesen Mann als Zunftmeister der Weberzunft wieder. Es lag nahe, diesen Träger des Bonerschen Namens in ein verwandtschaftliches Verhältnis zu Hieronymus zu bringen und unsere Vermutung wurde bestätigt. Es sind neuerdings von Herrn Dr. Eug. Waldner auf dem Colmarer Archiv Prozessacten über den Nachlass der Wittwe Boners, Apollonia, aufgefunden worden, aus welchen sich für die Bestimmung der Familienverhältnisse einiges Material ergiebt. Darnach trug Boners Grossvater von väterlicher Seite den Namen Jecklin und lebte zu Sulzbach im St. Gregorientale. Seine Geschwister und deren Nachkommen behielten diesen Namen bei, während sich seine Kinder, aus welchem Grunde lässt sich nicht ermitteln, nach der Mutter Boner nannten. Der Vater des Hieronymus, Hans Boner, war zuerst Stadtschreiber zu Türkheim, dann, ungefähr vom Jahre 1510 an, in Reichenweier. Seine Kinder waren: Alexander, Priester zu Drei-Ähren, der obenerwähnte Eustachius,

Wollenweber und Ratsherr zu Colmar, unser Hieronymus und Othilia, welche zuerst einen Goldschmidt von Schlettstadt, dann Wilhelm Apotheker zu Colmar heiratete. Sämtliche Geschwister starben ohne eheliche Nachkommen. — Was nun den Geburtsort anlangt, so bleibt uns die Wahl zwischen Sulzbach und Türkheim; die aus den Daten sich ergebende Wahrscheinlichkeit spricht für Türkheim.

Nachforschungen über den Namen Boner führen uns über diese Ergebnisse nicht hinaus. Die Basler Universitätsmatrikeln bringen unter dem Jahre 1486 einen Andreas Boner aus Schlettstadt. Die Notiz gab Veranlassung, die Bürgerbücher dieser Stadt zu durchforschen; die Lückenhaftigkeit der Listen ist jedoch so gross, dass an ein sicheres Ergebnis nicht zu denken war. — Das häufigere Vorkommen des Namens Boner in Strassburgs Bürgerlisten weist auf diese Stadt — besagt aber durchaus nichts Sicheres, da der Name damals kein ungewöhnlicher war. —

Den Bildungsgang Boners bis zur Zeit seines ersten Auftretens in seinen Einzelheiten darzustellen, fehlt uns das Material; doch ist es nicht schwer, denselben aus dem Charakter der damaligen Bildungsanstalten sowie aus Boners litterarischer Tätigkeit heraus im Allgemeinen zu begreifen. —

Die humanistischen Regungen in Deutschland hatten sich ganz besonders auch im Erziehungs- und Schulwesen bemerkbar gemacht*. Das Material des Unterrichts war ein anderes geworden, die Vollendung der formalen Seite, namentlich im Lateinischen, ward, im Gegensatz zur mittelalterlichen Formverwilderung und Verkünstelung als höchstes Ziel erstrebt. Dass dabei an ein tiefes Erfassen des Inhalts vorerst kaum gedacht werden konnte, ist begreiflich. —

Die elsässischen Städte nun waren nicht die letzten, welche einen bedeutenden Umschwung in der Pädagogik erfuhren. Den Anfang machte Schlettstadt. Wer daselbst die Schule gegründet, ist bis jetzt nicht ermittelt worden; jedenfalls war es nicht Dringenberg, wie gewönlich angenommen

* Cf. F. Paulssen: „Geschichte des gelehrten Unterrichts", Leipzig 1885.

wurde, da dieser Schulmann, nach den Ausführungen von Dr. Knod („Zur Schlettstadter Schulgeschichte“ in den Strassb. Stud. Bd. II, 431 ff.), 1441—1477 wirkte, dagegen schon 1436 der „Schulmeister“ existierte. Doch ist anzunehmen, dass unter Dringenberg die Reform ihren Einzug in diese Schule hielt. Ein Crato Hofmann (1477—1501), Hieronymus Gebwiler (1502—1509), Sapidus arbeiteten in der angegebenen Richtung weiter. — In Zwischenräumen entstanden die Schulen in Strassburg, Hagenau, am spätesten in Colmar.

In dieser Stadt kann Boner unmöglich die Anregung zu seiner spätern litterarischen Wirksamkeit empfangen haben. Die unbedeutende Schule daselbst ging noch ganz im alten Geleise des Doctrinale, Autoren wurden kaum gelesen. Dagegen ist es nicht unmöglich, dass Boner ein Zögling der Schlettstadter Schule gewesen ist. Einen Anhaltspunkt zu dieser Annahme besitzen wir allerdings nicht, es sei denn, dass wir auf das in späteren Briefen kurz berührte Verhältnis zu dem kaiserlichen Rat Jacob Spiegel, der ein Schüler Hofmanns und ein Freund des Beatus Rhenanus war, einiges Gewicht legten. Den gegebenen Zeitverhältnissen nach ist es jedoch nicht wohl möglich, dass Boner und Spiegel sich auf der Schule zu Schlettstadt kennen gelernt haben. Zu Beatus Rhenanus selbst ist er kaum in ein näheres Verhältnis getreten, da wir seinem Namen nie in Beats Briefwechsel begegnen. —

Dass Boner eine Universität besucht hat, ist mir bis jetzt nicht gelungen nachzuweisen, da die von mir nachgesehenen Matrikeln von Heidelberg und Basel (Universitäten, die von Elsässern besonders häufig besucht wurden) den Namen nicht bringen, es darf aber wohl angenommen werden, und zwar wird er, wie es seine spätere Stellung verlangte, dem Rechtsstudium obgelegen haben.

Damit hat er sich jedoch nicht begnügt. Dem allgemeinen Drang nach einer umfassenden Bildung, wie er sich damals nicht zum mindesten im Elsass geltend machte, folgend, suchte auch er die Quellen derselben im klassischen Altertum. Es ist bezeichnend für ihn, dass er sich vorzugsweise dem Studium der alten Historiker hingegeben hat: dort fand er den Standpunkt, von dem aus er, mutatis mutandis, die Verhältnisse seiner Zeit, seines Wirkungskreises beurteilen musste; und er wünschte es lebhaft, dass man diesen seinen Standpunkt anerkenne und würdige. Deshalb begibt er sich in späterer Zeit, da er schon die Zügel der Regierung in Händen hält, mit einem wahrhaft eisernen Fleiss daran, die Quellen, aus denen er sein Wissen geschöpft, in einer stattlichen Reihe von Übersetzungen seinen Mitbürgern zugänglich zu machen. Er hat an verschiedenen Stellen seiner Widmungen durchblicken lassen, dass seine Übertragungen in erster Linie bezwecken, einen nutzbringenden Vergleich zwischen der alten und seiner Zeit geradezu herauszufordern.

Boner hat sich rasch ein hohes Ansehen bei seinen Mitbürgern erworben; während die Kaufhausbücher vom Jahre 1525 ihn noch als Gerichtsschreiber aufführen, finden wir ihn 1527 an der Spitze der freien Reichsstadt als Obristmeister. Von diesem Zeitpunkt an hat er eine Achtung erregende Tätigkeit, sowohl auf politischem als auch litterarischem Gebiet entwickelt, eine Tätigkeit, deren Spuren wir erst im Jahre 1552 verlieren.

Er ist, um der Charakteristik seiner politischen Wirksamkeit einige feststehende Daten vorauszuschicken, 11 Mal Obristmeister, d. h. Vorsitzender des Rats und als solcher oberste Magistratsperson gewesen (1527, 29, 31, 33, 35, 37, 39, 41, 43, 45, 47), 3 Mal Schultheiss, als welcher er die richterlichen Functionen ausübte (1528, 30, 42), 3 Mal erster Meister (1534, 1540, 1548), 1 Mal zweiter Meister (1550) und ein Mal einer der Dreizehn (1551)*. —

Von Boners politischem Auftreten hören wir zuerst im Jahre 1529. Wir finden ihn auf dem Reichstag zu Speier als Abgesandten der Stadt Colmar. Über seine dortige Tätigkeit ist uns wenig bekannt geworden. Man weiss, dass gegen die damals Wien belagernden Türken ein Aufruf im Namen des Kaisers an die Decapolis ergangen war, Truppen gegen den Feind zu stellen. Hagenau nun, zur Stellung der gleichen Truppenmasse, wie Colmar, verpflichtet, nahm für sich allein

* Diese Daten sind aus den Colm. Ratslisten sowie aus den Unterschriften der Dedicationen seiner Werke zusammengestellt. —

das Recht in Anspruch, einen Hauptmann und einen Fähnrich zu ernennen. Gegen diese Anmassung protestierte Boner im Namen Colmars auf das nachdrücklichste — mit welchem Erfolg, ist uns unbekannt*. — Wir wissen ferner, dass, der religiösen Frage gegenüber, Colmar, wie auch Hagenau, eine der ersten Städte war, welche „öffentlich und privatim" erklärte, mit dem Vorgehen der 18 protestierenden Reichsstädte nicht einverstanden zu sein und ohne Zögern ihre Zustimmung zum Reichstagsabschied gab**.

Mehr wissen wir über Boners Sendung auf den Reichstag zu Augsburg (1530). Colmar hatte seinen Abgesandten damit beauftragt, mit dem Bischof von Constanz und Hildesheim wegen eines neuen Privilegiums gegen die Juden und einer „noch usstanden som geltz halben" zu verhandeln. Einen Erfolg dieser „supplicatz der judden halb" (so ist die auf dem Colmarer Archiv noch vorhandene Petition überschrieben) scheint Boner damals noch nicht erzielt zu haben. Über die berührte Geldangelegenheit ist uns nichts Näheres bekannt geworden. In einem Brief vom 26. Juni 1530, dem wir diese Tatsache entnehmen, wird dem Magistrat in Colmar auf Anraten Spiegels von Boner empfohlen, mit der Geldforderung einzuhalten, „dann es syg ze hoff nit sidt ettwas fryheitten zů erlangen vnd gelt dartzu zů uordern".

Aber noch einen andern Punkt hatte der Colmarer Ratsherr vor das Forum des Reichstages zu bringen: das unsittliche Treiben der Priesterschaft seiner Stadt, ihre Eingriffe in die bürgerlichen Rechte und Privilegien.

Schon früher hatte der Magistrat versucht, diesen allerdings erheblichen Misstand vollständig zu beseitigen, ganz besonders im Jahre 1525, als die allgemeine Bauernerhebung auf diese Krebsschäden aufmerksam machte. Es darf als eine weitgehende Concession an die Forderungen der Bauern angesehen werden, als der Rat den Hauptartikel der oberelsässischen Aufständischen „dass die priesterschaft, sowie

---

* Colm. Archiv. Fasc. CH (8) u. PE (1).

** Ney: „Geschichte des Speierer Reichstags". Speyer 1880. pag. 92 u. 190.

mönche und nonnen dieselben lasten wie die bürger, also steuer, gewerf, wachen, frohnen und dergleichen tragen sollten" — ohne Zögern realisierte — ein Vorgehen allerdings, welches zum guten Teil seinen Grund in der Gewinnsucht des Rats finden mag*. Mit derartigen Gewaltmassregeln nun scheint Boner seinem ganzen Wesen nach nicht einverstanden gewesen zu sein. Aus dem erwähnten Brief tritt uns eine grosse Besonnenheit und ein versöhnlicher Sinn entgegen. Er empfiehlt nachdrücklich Geduld und Mässigung und hofft, dass diese Mängel mit der Zeit „stillswygend" beseitigt werden könnten, er schliesst daran die Begründung: „dwyl man ouch darnach in disenn so spytzenn vnnd geswynden zyttenn by Kz. Mt. vnnd kuniglich wurd gnedig günst vnnd neygung behalten mag". Diese charakteristische kaisertreue Gesinnung tritt uns später noch aus mehreren seiner Briefe entgegen: er hat ein lebhaftes Gefühl der Zusammengehörigkeit zum Reiche, er ist überzeugt von der Notwendigkeit einer kaiserlichen Autorität — wo es sich um grosse Fragen handelt, schreibt er das Recht, sie zu lösen, allein dem Kaiser zu. —

Trotz dieser vermittelnden Stellung in dem Reformstreit fand man Gelegenheit, den Colmarer Abgesandten beim Kaiser zu verdächtigen, er habe durch unvorsichtige Massnahmen den Glauben erweckt, Colmar neige stark dem Luthertum zu und gehe damit um, ein Bündnis mit der Schweiz zu schliessen. Hören wir darüber Boner selbst in einem Brief vom 27. August 1530:

„Fursichtigen wysenn gunstig vnnd gepietteñd herrn / mit anpiettung myner schuldigk vnnd alltzytt gehorsamsten diensten vernem E. W. das ich wol willig vnnd geneigt gewesenn E. W. ettwas lustiger oder nützlicher nüwer zyttung zü ze schryben. Das vnfellig glück vnnd der schnöd vÿnd des menschlichen heils der tufel durch bosshafft vnnd verloignet Lutt die mir noch zür zÿtt verporgen aber wils gott mit der zÿtt zü erfarn sint hett gern nit allein mir inn mynem abwesen sonnder ouch einem ersamen radt der

* Hartfelder: „Zur Geschichte des Bauernkrieges in Süddeutschland". Stuttgart 1884. pag. 101 ff. —

statt Colmar das mir am beswerlichsten angelegen, vnnherlydlich smach vnnd schannd ufftrechen wollen. vnnd namlich so bald ich vff frittag noch Bartholomei gan augspurgk ankommen, byn ich vom hern von hagnow* mit trürigem gemiett (als ob er myns Lybs vnnd Lebenns inn grossen sorgen stand̄) empfangen vnnd dabi verstendiget das er sinen herrn von Hagnow dise handlung geschriben hab, daran zü sind damit ich nit wyder gan augspurgk abreitte. Namlich der vrsachen halb, das ich vor Keys. oder Kungklicher M^t hoch vnnd swerlich verclagt sin solt. wie dann sollichs doctor Jacoben Spiegeln vnnd im durch myns gnedigsten des von Trientz hoffmeister einem ritter antzoigt vnnd ich vom Spiegel wyther horen werd. Zü dem sint wir beid warms füss kertt, den ich gepetten nichtz zü verhalten / damit ich vorab E. wyssheit vnnd ouch mich selbs mit worheit dest pass wiss zů verantwortten. Der hat nu mit glichen worten wie meister Bartthome Botzheim antzoigt das sy von obgenantten ritter befrogt, wess sich die von Colmar inn disen loiffen Lutteri halben halten vnnd wie ir bottschafft genant. Als sy nu mynen namen vnnd dabi gemeyner statt vnschüld antzoigt hatt er wyther gesagt das Kl. M^t gloiblich angelangt das die statt inn hohem verdocht stanndt vnnd vorab so soll ich der sin der den radt helff vmpillicher wyss helff andern vnnd besetzen. Inn dem das ich mynen hern meister Ruchen als einen althen hern vnnd stettmeister als einen der dem alten glouben vnnd der priesterschafft anhengig vnderstan solt zu verstossen vnnd die jhenigen so Lutherisch weren an sin statt zů ziehen. Dartzů so hett ich als ein lutherischer nit allein inn der statt Colmar by vnnd mit den trefflichsten burgern mir ein grossen anhang gemacht sonnder ouch inn der eidgnossschaft ein grosse fruntschafft vnnd kuntschafft vnnd fürnemlich zü Basell oüch sonnderlich mit dem stadtschrÿber doselbs der an sinem vff vnnd abreitten jeder zÿtt sin inkern by mir haben mit mir ettwas heimlichs practicieren soll. Vff meynüng als ich mit

* Der Abgesandte von Hagenau hiess Bartholomäus Botzheim.—

mynem anhang doran sin solt, das die statt Colmar zün eidgnossen hulden solt / vnnd das er inen beiden wyther antzoigt wie die statt Nurnperg anfengklich von iren zweyen vff dise meÿnung. Vnnd wie sollichs mit Irem radt zü fürkhomen. .... wie ich nü sollichs mit erschrocknem hertzen gehort das nit allein ich sonnder oüch damit E. W. selbs der Lutheryg vnnd ouch der eidgnossen inn verdocht vnd nochred komen solt, hab ich mich doch von wegen E. W. vnnd ouch mÿn selbs vnschuld als die sollichs nie mit sÿnn noch gedanck, Ich geswÿg das sollich mit wortten oder wercken vnnderstanden sin solt, erholt vnd trostlich gesagt. Das vorab euwer Ersamen daran gewalt vnnd vnrecht gescheeh, der nit so eins nichtigen verstands, sonnder einer so dapferen ansehung vnnd styffen erberkeitt syg. das der weder mir noch jemandem anderen gestatten noch züsehen wurde, solliche erdochte verretterschen bosswicht stuck zü gepruchen mütterj oder anheng zů machen mÿnthalben dwÿl diss valsch vnnd vnnworhafft dargeben vff mich erdocht sig ich urputtig nit allein myn sonnder vor allen ding E. W. vnnschuld anzützeigen vnnd das es nit von notten syg sollichen valschen dargeben zü glouben. daruff sy beid für gütt angesehen, das mir doctor Spiegel audientz erlangen vnnd mir das synem erpietten noche kundt thůn solle. Des bin ich noch wartten. Als ich uss grossem yfer vnnd verlangen dem Spiegell nochgevolgt / byn ich von im vertrost das die sach myner antzoig noch wol ston vnnd werd nit nott zü ylen. dann er hab den ritter gesůcht aber nit befünden. Morndes sampstags ist mÿn herr dechan zu mir vff den winmarkt komen vnnd mich ouch vom handel gefragt ob man ettwas mit mir geredt er hab vor zweyr tagen sollichs dargeben vnnd versagen gehörtt vnd daruff euch myn hern vorab vnud ouch mich desz entschüldigt. jm damit ouch gefallen lassen E. W. vnd mich gegen dem ritter zu verantworten / den acht ich uff E. W. ansůchen nichtz verhaltenn werde / dwÿl nü ich nit wissen kon, wie es mit mir noch dem willen gotz dem ich ouch myn vnschuld clagen müss ergan werd. Jedoch so wolt ich flölich bitten jemanden an mÿn statt zů schicken oder wo es so wol geriet das gott gnad gebe / das man mich diss vssblÿben ferner vberhübe vnnd dwÿl mir das erst heimfordern so vbel erschossen. das ich doch des mit dem andern heimfordern ergötz wurd / sunst will ich E. W. selbs vnnd ouch myn vnschuld vnnd was deszhalben schrifft oder muntlich by Keyr vnd Klr Mt zu handlen sÿg zü bedencken vnnd zü beradtslagen vsz schuldige gehorsamj vberschigkt vnnd gepetten haben. Des gloubens halben hatt man XIIII fursten beuolhen vnnd dwÿl sich die nit verglichen mogen hatt irn sechs fursten zü beyder sytten befolhen zü handlen. Die haben sich XXVIII artickel verglichen. Die vbrigen acht man vff ein concilium zü schicken. Gott geb gnad.

Datum inn yl vnnd mit bekompertem gemüt zu Augspurg Sampstag spot noch Barthol. a° 30.

E. W.

willig

Jeronymus Boner"

Auf diese Darlegung der Sachlage hin richtete man von Colmar aus ein apologetisches Schreiben vom 2. September 1530 an den Kaiser. Das Antwortschreiben* der Majestät trägt weder einen reinigenden noch anklagenden Charakter: der Kaiser ist der Ansicht, dass sich Boner allerdings „mit denen von Basel und anderer orten der eidgenossenschaft gesandten etwas anhängig gemacht" **, will dagegen von einer ihm vorgebrachten Anklage nichts wissen. Im übrigen vertraue er auf die Bürgerschaft Colmars und hoffe, „dasz sie sich wie bizher halten" möge. —

Es ist hier der Ort, Boners Stellung zum Protestantismus, soweit uns das spärlich vorhandene Material Anhaltspunkte liefert, näher zu beleuchten.

* Dieses Schreiben befindet sich noch auf dem Colmarer Stadtarchiv. Abgedruckt ist es: Rocholl: „Anfänge der Reformation in Colmar". Colm. 1875. pag. 67.

** Inwieweit dies auf Tatsachen beruht, lässt sich nicht nachweisen; jedenfalls hat Boner, nach dem eben gegebenen verteidigenden Brief jeden Gedanken an ein beabsichtigtes Bündnis mit der Schweiz zurückgewiesen.

Boners Wirksamkeit fällt in eine, wie für die übrigen deutschen Provinzen, so auch für das Elsass und seinen Zehnstädtebund bedeutungsvolle Zeit: in eine Zeit, da die Reformideen der Humanisten ihrer Verwirklichung entgegengingen — allerdings auf eine ganz andere Weise, als sie sich vorgestellt hatten. Das Verhältnis des deutschen Humanismus erscheint durch neuere Forschungen* in einem andern Lichte, als früher. Man hat gefunden, dass die Reformation durchaus nicht die directe Folge der humanistischen Bewegungen war; dass die Vertreter des älteren elsässischen Humanismus wohl eine Reform in Kirche, Schule und Staat anstrebten, nie aber eine Trennung von der Kirche im Auge hatten. Diese Tatsache tritt uns, nach den Ausführungen Schmidts in seiner angeführten Litteraturgeschichte, noch schärfer bei den ältern elsässischen Humanisten, einem Geiler, Wimpheling, Brant entgegen. Weit entfernt, eine neue Welt schaffen zu wollen, sind sie nur von Trauer erfüllt „eine alte teure Welt fast hoffnungslos versinken zu sehen". Sie versäumen es nicht, die Mängel des Bestehenden mit der Waffe des Tadels und der Satire anzugreifen, aber vor den Consequenzen, der energischen Tat, schrecken sie zurück. Diese war für das Elsass einer jüngern Generation, den Schülern jener alten Humanisten, vorbehalten. Auf Grund der Erfahrungen, die von jener Seite gesammelt waren, erst nachdem sich die Überzeugung der Hoffnungslosigkeit der alten Zustände aufgedrängt hatte, konnte ein Jacob Sturm in Strassburg den bedeutungsvollen Schritt der Trennung tun. —

Für Colmar liegen uns, bei dem Mangel der Quellen, die Verhältnisse nicht so klar vor. Wir wissen, dass die Stadt beinahe $^1/_2$ Jahrhundert später als Strassburg dem Protestantismus die Tore öffnete. Der Grund zu einem so späten Übertritt ist schwer zu ermitteln. Es hat auch hier gewiss nicht an einem fruchtbaren Boden für die Reformation gefehlt: erfahren wir doch**, dass schon 1524 ein Hilfsgeistlicher, der

* Ausser Schmidts Buch namentlich dessen Besprechung in H. Baumgarten: „Strassburg vor der Reformation" („Im neuen Reich" 1879 Nr. 2); id. „Jacob Sturm", Rectoratsrede.

** Hartfelder: a. a. O.

im Dienste des Dekans von St. Peter war, evangelische Lehren auf die Kanzel brachte und einen grossen Anhang unter der Bürgerschaft fand. Wir erfahren etliche Jahre später aus einem Briefe Rhenans an Hoffmeister, welchen dieser unten zu erwähnende Prior seiner 1540 erschienenen „Missa D. Joannis Chrysostomi etc.“ vordrucken liess, dass die Colmarer Bürgerschaft dem Messopfer gegenüber eine ganz bedenkliche Gleichgültigkeit zeige, dagegen einer Predigt grosses Interesse entgegenbringe. Der Rat jedoch, meistens aus Patriciern bestehend, die in der Bauernerhebung mit Besorgnis eine traurige Folge der neuen Lehre zu erkennen glaubten, brachten den Reformationsideen der Zeit geringe Sympathie entgegen. Er hatte, nach den äusserst bedrohlichen Verfassungskämpfen, welche Colmar in der früheren Zeit durchzumachen gehabt hatte*, in „der von den Vätern überkommenen Zusammenordnung von kirchlichem Gehorsam und städtischer Gewalt die einzige Gewähr für bürgerliche Eintracht und Ruhe“** erkannt.

Auf diesem Standpunkt müssen wir uns jedenfalls auch Boner denken. Zwar finden wir nirgends einen Anhaltspunkt, der uns zur Annahme, dass er den reformatorischen Bewegungen feindlich entgegengetreten ist, berechtigte; wir finden aber ebensowenig Beweise für das Gegenteil. Denn die Hauptanklage, die gegen ihn gerichtet ist, er stosse, gestützt auf einen Anhang, gutkatholische Mitglieder des Rats aus, um sie durch lutherische zu ersetzen, trägt, abgesehen davon, dass er sich gegen die Anklagepunkte energisch verwahrt, zu sehr den Stempel der Übertreibung, wenn nicht der Erfindung, um eine Beweiskraft zu haben. Allerdings sind ihm „die misbruch so allenthalben inn geistlichen vnd weltlichen stand zů höchster ergernus der christenheit inryssen“ höchst „beswerlich“ — auch er hegt den Wunsch dass sie „inn ein christliche reformation und pesserung geprocht werden mochten“ (Brief vom 18. Juni 1541

---

* Cf. X. Mossmann: „Recherches sur la constitution de la commune à Colmar“. Colm. 1878.

** H. Rocholl: „Die Einführung der Reformation in der ehemaligen freien Reichsstadt Colmar“. Colm. 1876. p. 14 f.

aus Regensburg); aber damit ist noch lange nicht ausgesprochen, dass Boner eine kirchliche Trennung für nötig hält. Vielmehr können wir aus dem ganzen Ton seiner Briefe an den Rat, aus seiner Objectivität, mit der er den religiösen Fragen gegenübertritt, schliessen, dass seine Stellung in dieser Hinsicht eine durchaus vermittelnde war. Das Ziel, das ihm vor Augen schwebte, war, wie er es in den Briefen vom 5. April und 8. Mai 1541 deutlich genug ausspricht, die aus einem Vergleich der streitigen Artikel „ouch wyder des Bapst und sins anhangs willen“ hervorgehende „christliche einigkeit, darumb mengklich bitten soll“. — Es ist kein Zweifel, er steht noch auf demselben Standpunkt, den jene alten Humanisten eingenommen haben — ja ihm, dem Vertreter einer „gehorsamen“ Stadt, dem kaiserlich Gesinnten, musste eine Kirchentrennung zugleich eine Trennung von Kaiser und Reich, ein Hochverrat sein. —

Diese unverkennbar vermittelnde Stellung ist nun allerdings die des Politikers, der vielleicht die Empfindungen seiner Person den Forderungen des Ganzen unterordnen muss — doch dies muss uns genügen, denn was Boner als Privatmann über die Reformation gedacht, ob er in seinen privaten Neigungen weiter gegangen ist, bleibt uns vorerst unerschlossen — denn auch hier bietet uns die gegen ihn erhobene Anklage keinen Anhaltspunkt — kennen wir doch, was zu einer Beurteilung nötig wäre, die Urheber derselben nicht. Auch die Vorreden zu seinen Übersetzungen (das einzige, gewissermassen nicht amtliche Material, das wir besitzen, worin seine Person etwas in den Vordergrund tritt) gibt uns darüber nur spärliche Andeutungen (jedoch cf. pag. 18 f.).

Was nun seine Beziehungen zu bekannten Persönlichkeiten jener Zeit betrifft, so klären auch sie uns über diesen Punkt keineswegs auf, da wir die Bedeutung des Verkehrs bei den allzu dürftig fliessenden Quellen nicht ermessen können. Zuerst tritt uns da Ludwig, Pfalzgraf bei Rhein entgegen. Boner widmet ihm seinen „Herodotus“ (1531) und spricht in der Zueignung zu diesem Werke seine aufrichtige Freude über die Wiedereinsetzung des Fürsten zum Oberlandvogt des

Zehnstädtebundes aus*. Es ist nicht allein die glückliche politische Veränderung, welche in dem Colmarer Ratsherrn ein Gefühl der Genugthuung erregt hat, sondern vielmehr das Bewusstsein, einem Vertreter des Kaisers gegenüber zu stehen, welcher ein ernstliches Streben nach der „hystorischen warhayt" zu würdigen weiss. — Ludwig V.** war eine jener seltenen Naturen, die es über sich bringen können, im Kampfe der Parteien über den Parteien zu stehen. Infolge einer durchaus humanistischen Erziehung musste er von der Notwendigkeit einer Reform überzeugt sein — er blieb aber trotzdem beim Alten. Schon der Bauernerhebung stand er, so lange es nur ging, vermittelnd gegenüber, die Entwickelung des neuen Glaubens hatte von ihm nichts zu fürchten — aber er blieb Anhänger der alten Kirche, ohne jedoch dem römischen Einfluss in Deutschland Vorschub zu leisten. Dass sich Boner zu einer solchen Natur hingezogen fühlen konnte, dass er es als ein Glück ansah, wenn ein solcher Vertreter des Kaisers der Decapolis vorstand, ist, bei seiner eigenen versöhnlichen Gesinnung, anzunehmen.

Nicht mehr wissen wir über Boners Verhältnis zu Georg, Graf von Würtemberg und Mömpelgard***. Diesem, 1530 zum Protestantismus übergetretenen Fürsten, sind zwei Übersetzungen, der Plutarch (1541) und „die schône chronica" gewidmet. Aus den Dedicationen ersehen wir weiter nichts, als dass der Graf ein grosser Freund der Geschichte gewesen ist und ferner, dass er dem Colmarer Ratsherrn irgend einen grossen (uns bis jetzt unbekannt gebliebenen) Dienst geleistet hat. —

Wichtigeres versprach eine Notiz des elsässischen Historikers Röhrich. In seiner „Geschichte der Reformation im Elsass", Strassb. 1830/32 II, 243 Anm. finden wir die Bemerkung:

---

* Die Oberlandvogtei über die Decapolis war dem Palatinat im Jahre 1504 vom Kaiser Maximilian I. entzogen worden und blieb darauf 27 Jahre in den Händen des Reiches.

** Wille: „Allgemeine deutsche Biographie XIX, 575—77". Ferner: Häusser: „Geschichte der rheinischen Pfalz" I, 501—597 (besonders pag. 504, 538, 540/41).

*** Cf. Allgem. d. Biogr. VIII, 709.

„Ausser Boner stand auch der Ratsherr Güntzer mit Butzer in freundschaftlicher Verbindung". Als Quelle zu dieser Behauptung gibt er an: „Brief Butzers an Güntzern 4. Sept. 1546 MS". Dieses Actenstück befindet sich auf dem Thomasarchiv zu Strassburg unter MSS III, 125 und eine Abschrift im Thesaurus Baumianus XVII, 125. In dem Brief bittet Butzer den Güntzer, es beim Rat zu Colmar durchzusetzen, dass zweien von den Kindern des Bruders seiner Frau möglichst bald ein geeigneter Vormund bestellt werde. Am Schlusse lässt er einen Andreas Boner grüssen und bittet, demselben ebenfalls sein Anliegen vorzutragen — also ein rein geschäftlicher Brief.

Wir müssen annehmen, dass hier ein Versehen Butzers vorliegt und an Stelle von Andreas, Hieronymus zu schreiben ist, denn der Name Andreas B. findet sich nirgends in den Bürgerbüchern Colmars, oder was noch entscheidender ist, in den Ratslisten. Ferner wechselten schon seit mehreren Jahren Hieronymus Boner und Mathis Güntzer im Amte eines Obristmeisters der Stadt Colmar. Der Gruss und die Bitte Butzers, auch Boner das berührte Anliegen vorzutragen, können also nur dann Bedeutung haben, wenn dieser Boner eine amtliche Person ist. — Für die Beurteilung von Boners Stellung zum Protestantismus hat jedoch das nur an dieser Stelle berührte Verhältnis keinen Wert. —

Die Verläumdungen, welche Boner erfahren hatte, waren derart, dass sie seine politische Existenz hätten vernichten können, wenn nicht Leute von Rang und Gewicht für ihn eingetreten wären. Unter diesen Helfern in der Not nennt Boner besonders einen gewissen, uns sonst unbekannten „Edlen Eitelecken von Rüschach" dem er vor Allen zu grossem Danke verpflichtet scheint. Er verleiht demselben Ausdruck in der an diesen Herrn gerichteten Dedication des „Thucydides" (1533). Dieselbe verdient es, weiter bekannt gemacht zu werden, da sie die verletzten Gefühle des Obristmeisters wiederspiegelt. Sie lautet:

„Dem Edlen Strengenn Herren Eitelecken von Rüschach / ritter zum Epberg / vogt zû Lauffenperg / ect. meynem günstigen vnnd gepietenden herrn / Empeütt ich Hieronimus Boner / schulthayss zů Colmar / meyn allzeyt willig vñ berayt dienst vñ alles gut beuor / Edler gestrenger günstiger Herr / Dieweyl nach anzayg der weysen / die vndanckparkeit für ein můter aller laster geachtat / so wirt nicht unbillich von Valerio Maximo geschriben / das besser sey von den aller widerwertigsten feinden hindergangen vnd betrogen zů werden / dann das man der empfangenen gůtthat vnd freündtschafft vndanckpar sein solt / auch sagt er Valerius yetzgemelt / das ein yeder / der sich saumpt vñ verligt / dem / der jm gůtthät vnd freündtschafft beweyset / gegen danckparkeyt zu erzaygen / das gewerb vn kauffmannschafft / gutthat vnd freündschaft zů geben vnd zu empfahen / on wöllichs doch der menschen leben kaum beston mag / gentzlich zerstört vnd aufgehept / dieweil mir nun / des Ewer Strengkeyt gut wissen tregt / von meyn widerwertigen / auss neydischer art / doch on allen beystand der warheit / vil schmach / schand vnd laster zůgericht / vnd souil inn jnen gewesen / schon volnstreckt / wie dann von jnen berümpt / vnd wissent / aber auss krafft der warheyt / die gott selbs / meyn vnschuld (die gott mehr dann jr bosshayt gnådigklich vberwegen zůlassen gericht / vnd beschyrmpt) durch Ewer Strengkeyt hilff vnd fürdrunge vor kay. Maye. etc. Vnserm aller Gnedigsten Herrn an tag komen / damit jr bosshafftiger trug vnd schalckhayt wider hinder sich in den Stiffter geflossen vn daselbs mit dem wurm stäts nagender Concienz vnrüwig verharrend / So ist doch nach Christlicher art meynethalben recht vnd billich / das ich vmb der ehere gots vnd seines gepots / auch dess willen / das allein jhm die rach zůstatt / sollichs zů verzeihen vnd Gott zu bitten / jhnen solliches inn disem zeyt zu erkennen vnd zu bessern geben / wie ich den Allmechtigen vmb verzeyhung meiner vnnd jrer sünden hiemit demütigklich gebeten habenn will / damit ich aber gegen E. St. vmb mir hierin vnd allzeyt bewysen gunst vnd freündtschafft etlicher mass danckpar erscheyn vnd ich yetz kurtzlich den aller Edlesten griechischen geschichtschreyber auss dem Latein in nachuolgendt Teütsch verdolmetscht / hab ich den /

iñ Ew. St. namen zu ewiger löblichen vnd Ritterlichen gedächtnus inn druck geben / vnd damit verehren wöllen / dann der schreybt von den aller ritterlichsten thaten / so die Griechen vnder vnd wider einander begangen / das Ew. St. jnn günstigem gemüth zû gefallen annehmen / vñ wie ichs dienstlich vnd gût gemaynt / verston / wölle mir auch hiemit allzeit zû gepieten haben.

Datum Colmar / den 11. tag Augusti anno MDXXXII".

— Die Wirksamkeit Boners während der Jahre 1531—40 zu charakterisieren, fehlt uns ein ausreichendes Material. Wir dürfen annehmen, dass er sich voll und ganz der Erfüllung jener Pflichten hingegeben hat, die innerhalb eines kleineren Wirkungskreises, in der Verwaltung seines kleinen Staates lagen. Und hier mag es wohl besonders die Volksbildung, die Hebung des Schulwesens gewesen sein, der er seine Aufmerksamkeit zuwandte — war es doch stets sein eifriges Bestreben, sich und damit auch seine Mitbürger zu bilden, ein Scherflein beizutragen zu der grossen geistigen Aufklärung seiner Zeit. Er war einer der Mitgründer, vielleicht der eifrigste, der Martinschule in Colmar. Es befindet sich im Museum dieser Stadt eine etwas defecte Inschrift, welche den Namen Boners in dieser Hinsicht verherrlicht. Sie wird abgedruckt werden in der von Herrn Stadtbibliothekar Andreas Waltz herauszugebenden Billingschen Chronik. Mit der Erlaubnis dieses Herrn setze ich sie her:

ÆDES HAS PVERIS CVR[A PATRVM PIA]
FOECVNDI INGENII CONDIDIT INCOLIS
DISCENDI LATIAM, PALLADIAM ET VIAM
PLANTANDA EST ETENIM POSTERITAS BONA
ÆDILES FVERANT MVSTA GEORGIVS
COGNOMEN CVI ERAT PARVO IERONOMO
ET CONSVL FABIVS NOSTRAE HIERONVMVS
VRBIS DVLCE DECVS SVMA TENENS LO[CA].

Fabius ist natürlich die lateinische Übersetzung für Boner; unter aedilis ist hier jedenfalls unser „Kirchenpfleger" zu verstehen; so übersetzt es auch Boner einige Male aus lateinischen Autoren. —

Auch auf einer andern Seite können wir Boners Tätigkeit während dieser Jahre aus einzelnen Spuren verfolgen: im Kampfe gegen das unsittliche Leben der Mönche Colmars. Wie wir schon berührt haben, standen sich der Rat der Stadt und die Geistlichkeit schon seit längerer Zeit schroff gegenüber. Letztere hatte ihr Ansehen bei der Bürgerschaft durch einen Ärgernis erregenden Wandel einiger ihrer Mitglieder durchaus verscherzt und es war zu erwarten, dass diese unhaltbaren Zustände einem schnellen Eindringen der Reformation förderlich sein mussten. So war der Rat, an seiner Spitze der Obristmeister Boner, gezwungen, im Jahre 1537 in sieben Artikeln heftig gegen den Klerus einzuschreiten*; die Folge davon war eine grosse Erbitterung auf dieser Seite, eine Erbitterung, die kräftig durch den Prior des Augustinerordens, Johannes Hoffmeister** genährt wurde. Dieser Mann unternahm es, unterstützt von einem guten Wissen und einer nicht zu verachtenden Begabung, den Fortschritten, welche der Protestantismus in Colmar zu verzeichnen hatte, rücksichtslos entgegenzuarbeiten. In der 1540 erschienenen Schrift***: „Wahrhafftige Endeckung und widerlegung deren artikel, die M. Luther auff das Concilium zu schicken vnnd darauff beharren fürgenummen“ — versuchte er es die Lehren Luthers nicht ohne heftige und verletzende Invectiven systematisch zu widerlegen. Der Ton

---

* Cf. Rocholl: „Einführung etc.“, pag. 61 ff.

** Cf. August von Druffel: „Der elsässer Augustinermönch Johannes Hoffmeister und seine Correspondenz mit dem Ordensgeneral Seripando (Abhandl. d. k. bayr. Academie der Wissensch. III Cl XIV Bd. I Abth.). — Eine auf Quellenmaterial beruhende Würdigung Hoffmeisters liefert Rocholl a. a. O. — Dazu cf. A. von Druffel: „Nachträgliche Bemerkungen über den Augustiner Johann Hoffmeister“. (Briegers Zeitschrift für Kirchengeschichte III Gotha 1879.) — Neuerdings erschien eine umfassendere Biographie Hoffmeisters von Nicolaus Paulus: „Der Augustinermönch Johannes Hoffmeister. Ein Lebensbild aus der Reformation“. Freiburg i. B. 1891. Neues wird hier kaum geboten. Der ganze Ton der Darstellung ist ein katholisch gefärbter.

*** Diese Schrift befindet sich auf der Colmarer Bibliothek und wurde daselbst von Rocholl entdeckt. —

der sonst geistreichen und gelehrten Schrift war jedoch ein derart verletzender, dass er nicht nur die protestantisch gesinnten Bürger, sondern auch die Katholiken, darunter den Rat der Stadt empörte. Das Buch wurde 1540 auf des letztern Antrag (Boner war damals erster Meister und scheint auch gegen H. gesprochen zu haben) confisciert und nachher, trotzdem H. heftig widersprach, vollständig vernichtet. Ein offener Bruch zwischen Boner und dem Prior war die Folge davon. —

Auch aus diesen Ereignissen können wir keine bestimmten Schlüsse für die Gesinnung Boners und des Rats von Colmar in Sachen des Glaubens ziehen. Jedenfalls wäre es gewagt, ohne weitere Anhaltspunkte ans dem energischen Vorgehen gegen Hoffmeister und gegen den schon lange verhassten Augustinerorden eine protestantenfreundliche Stimmung zu entnehmen. —

Eine Aussöhnung mit dem Prior kam erst um das Jahr 1545 zu Stande. Boner spricht sich in einer Dedication der „ungarischen Chronik" (cf. pag. 44) an den Abt von Murbach vom Jahre 1545 in sehr anerkennender Weise über die Fähigkeiten Hoffmeisters aus und dieser seinerseits scheint, wie aus einem unten noch zu erwähnenden Brief (pag. 44) hervorgeht, mit grossem Interesse die litterarischen Arbeiten des Stettemeisters zu verfolgen. —

Noch zwei Mal finden wir Boner als Abgesandten der Stadt auf Reichstagen: 1541 zu Regensburg, 1542 zu Speyer. Aus jenem Jahre besitzt das Colmarer Archiv sieben Briefe von Boners Hand, die wir schon z. T. berührt haben und deren Inhalt wir hier, der Vollständigkeit halber, kurz angeben wollen.

I. Brief (27. Dez. 1540 von Strassburg aus). Bericht über einen von der Decapolis auf dem Städtetag zu Strassburg gefassten Beschluss in der Angelegenheit der Stadt Gosslar. Diese, von Heinrich von Braunschweig auf das härteste bedrückt, hatte sich an die zehn Städte um Unterstützung ihrer Beschwerden auf dem Reichstag zu Regensburg gewandt. Man beschliesst, ihren Bitten Folge zu leisten, „wo sie nitt der religion oder rechtmässigen vrsachen halb uff hertzog Heinr. von Bruntzwygs anhalten durch sonder der k. M^{t} macht vnd willen in acht erklert" sind.

II. Brief (27. Jan. 1541 vom Reichstag zu Regensburg). Anzeige seiner und einiger anderer Abgesandten Ankunft in Regensburg.

III. Brief (23. Febr. 1541). Bericht über die Not der Stadt Gosslar. Erwähnung des Einzugs der kgl. Majestät.

IV. Brief (2. April 1541). Misfallen des Kaisers über die langsame Ankunft der Abgesandten. Bericht über die einzelnen ankommenden Fürsten und Gesandten. Eröffnung des Dankschreibens der Stadt Gosslar. Gebot des Kaisers an den Herzog H. von Braunschweig, mit der Bedrängung Gosslars einzuhalten. Lösung der über der Stadt schwebenden Acht. — Verzögerung der Ankunft des Kaisers durch einen Einfall der Türken in Ungarn.

V. Brief (25. April 1541). Boner hat eine Supplication in Betreff der Judenfrage im Namen des Colmarer Rats an die Majestät und eine solche in seinem eigenen Namen an den Pfalzgrafen Friedrich, den Präsidenten des kaiserlichen Rats, gerichtet, nachdem er endlich vermittelst „eines halben schilling guldin in gold" mit Rupertus Thomas, dem Secretär des gen. Fürsten, „geheim kuntschaft gemacht" um sich in dieser Angelegenheit Rat zu holen. Eine schnelle Erledigung ist jedoch, bei der Häufung der „geschefte" nicht zu hoffen. — Erwähnung der Disputation zwischen Pflug, Dr. Joh. Eck, Philipp Melanchton, Martin Butzer u. J. Pistorius. Er schliesst daran den sehr bezeichnenden Wunsch „dass gott der allmechtig disem aller heiligsten keiser gnad verlyhen das ouch wyder des Bapst und sins anhangs willen christlich einigkeit gesücht und funden werd" (cf. pag. 15).

VI. Brief (8. Mai 1541). Boner hat vernommen, dass der Rat seine beiden vorhergehenden Briefe noch nicht erhalten hat. Er trägt Sorge, dass dieselben ihm auf anderem Wege zugestellt werden. — Die Angelegenheit der „gemeinen müntzgenossen"* kann bei der Menge anderer, wichtigerer Tages-

* Über diese Angelegenheit ist uns nichts bekannt geworden. —

fragen, noch nicht erledigt werden. Anzeige, dass er sein Pferd verkauft.

VII. Brief (18. Juni 1541). Bericht über das Ergebnis der Disputation. Die noch übrigen strittigen Artikel sind dem Ermessen des Kaisers anheimgestellt. — Bitte des Bischofs von Agria sowie von fünf „landherrn" in Österreich, Hilfe gegen die eindringenden Türken zu gewähren. Beschluss des Kaisers, der Bitte zu willfahren. — Anzeige, dass das Privilegium gegen die Juden nunmehr erwirkt ist.

Aus dem folgenden Jahre besitzen wir einen Brief vom 26. März, worin Boner von Speyer aus zur Wiederbesetzung einer freigewordenen Lehrerstelle in Colmar einen Candidaten aus Heidelberg empfiehlt und zugleich die Mahnung anschliesst, denselben in seinem Beruf nicht durch anderweitige Verwendung z. B. im Chorgesang zu stören. —

Über die fernere Tätigkeit Boners, die wohl auf die Ausübung seiner Ämter beschränkt war, wissen wir nichts, wir können nur auf Grund der Ratslisten die Beobachtung machen, dass er sich nach und nach immer mehr von den höhern, pflichtenreichern Ämtern zurückzog, um schliesslich als einfaches Ratsmitglied im Jahre 1552 den Schauplatz amtlichen Wirkens zu verlassen. Als Grund seines Austritts geben die oben erwähnten Processacten an: er „war ettlich jar vor seinem todt nit bej gesunder guter vernunfft". In wieweit wir dieser Notiz Glauben zu schenken haben, können wir nicht entscheiden.—

Das Jahr 1552 wird von der Billingschen Chronik (1796) zugleich als Todesjahr angegeben. Die Steuerlisten Colmars belehren uns jedoch eines Bessern. Noch 1555 wird „her Hieronymus Boner" als steuerpflichtig aufgeführt, während das nächste Jahr „Her Hieronymus Boners wittib"* an gleicher Stelle bringt. Er ist also 1555 oder 56 ohne „ehliche leibserben" (Processacten) zu Colmar gestorben.

* Sie hiess, nach den Processacten, Apollonia.

Boners Übersetzungen.

Die litterarische Tätigkeit Boners ist von den Jahren 1530 und 1545 begrenzt. In diesem Zeitraum brachte er die bedeutende Anzahl von 11 Übersetzungen zu Stande, durch welche er beinahe ausschliesslich griechische und römische Historiker zu einem Gemeingut des deutschen Volkes zu machen bestrebt war. Die Motive zu diesem weitgehenden Unternehmen haben wir oben berührt; einem Gelingen desselben kamen günstige Verhältnisse entgegen. Im Jahre 1523 hatte Heinrich Steiner* in Augsburg eine Buchdruckerei gegründet und dieselbe im Laufe weniger Jahre mit Hülfe einer stattlichen Zahl von Übersetzern — er gab fast nur Übersetzungen lateinischer und griechischer Schriftsteller heraus — sowie von namhaften Holzschneidern, zu einer hohen Blüte gebracht. So concentrierte sich um diese Officin eine ausgebreitete Tätigkeit, welche vermuten lässt, dass Boner nicht zum mindesten auch von dieser Seite eine Anregung empfangen hat, eine Vermutung, welche dadurch ihre Bestätigung findet, dass beinahe alle seine Übersetzungen bei Steiner in Augsburg erschienen sind.

Boner übersetzt ausschliesslich lateinische Vorlagen. Wo es sich um einen griechischen Schriftsteller handelt, sagt er dass er es „auss dem Latinn inn dass nachvolgendt Tütsch gepracht" habe. Selten gibt er jedoch seine Quelle genau an. Trotzdem verdient Boner im Gegensatz zu vielen Übersetzern der damaligen Zeit das Lob gewissenhafter litterarischer Ehr-

* Cf. F. Kapp: Geschichte des deutschen Buchhandels bis in das XVII. Jahrhundert, pag. 133 f.

lichkeit. Er verschmäht es, wo er allein zu bestimmen hat, in übermässig langen wortprangenden und marktschreierischen Titeln das Publicum auf sein Werk aufmerksam zu machen, er prunkt nicht mit einem Wissen, das ihm nicht eigen ist. Alle diese Vorzüge werden bei vielen Andern, ich nenne nur Xylander (Holtzmann) und Schwartzkopf, vergeblich gesucht. — Die erste nachweisbare Frucht Boner'schen Fleisses ist der „Herodianus". Es ist die beste Übersetzung des Colmarer Ratsherren, und vollendet zu einer Zeit, wo derselbe inmitten einer angestrengten politischen Wirksamkeit stand, zur Zeit des Augsburger Reichstages. Zwängen uns nicht die genau vorliegenden Data, so würden wir zögern, diese Übersetzung an die Spitze zu stellen.

Das von mir eingesehene und auf der Landes- und Universitätsbibliothek zu Strassburg befindliche Exemplar trägt den Titel:

der fürtrefflich griechisch geschichtschreiber Herodianus / den der hochgelert Angelus Politianus inn das Latein / vnd Hieronymus Boner in nachuolgendt Teütsch pracht / Wellicher Herodianus von Marco Elio Antonino Philosopho an / vntz auff Gordianum dē jüngerm Rōmischen Keysern vnd jrer regierung / die sich wunderbarlich zůtragen / geschriben hatt.

Auf der Titelseite fehlt das Datum. Sie ist mit den Bildnissen der beiden Kaiser Antoninus und Gordianus — beide in ritterlicher Tracht — geschmückt. Das nächstfolgende Blatt enthält r. das kaiserliche Privilegium, wonach 6 Jahre lang nach dem Druck jeder Nachdruck mit einer Busse von 10 Mark lötigen Goldes bestraft wird. — a. die Widmung.

Dieselbe ist gerichtet an den „durchleuchtigsten gross„mechtigsten fürsten vnd herrn / herren Ferdinanden zu Hungern „vnd Beheim künig / Printz ynnd Infannt inn Hispanien / Ertz„hertzog zů Osterreich / Hertzog zů Burgūdi / Graue zů Habs„purg / Flandern vnnd tyrol etc." Der Übersetzer weiss, dass Ferdinand nach Erledigung der Regentengeschäfte sich gerne mit der Geschichte seiner Vorfahren abgibt. Als eine vorzügliche Darstellung geschichtlicher Wechselfälle, voll von „exempeln des wandelbarn glücks auff beid weg, wunderbar-

„licher räd vñ anschleg vnuerhofft zůfell vnd aussgeng“ bietet Boner seine Arbeit „seinem gnedigsten herrn“ an.

Datiert ist die Widmung „Augspurg auff den XII. tag Septembris. anno 1530“.

Die Drucknotiz gibt als Datum der Vollendung an „am XIII. tag Juniij (sic!) im MDXXXII“. Zwischen der Vollendung der Arbeit und der Drucklegung derselben würden demnach beinahe 2 Jahre liegen. Degen vermutete daher, dass dies die zweite Auflage, das Original dagegen ein Jahr früher anzusetzen sei. Seine Vermutung hat sich bestätigt. Es ist mir gelungen, auf der Colmarer Stadtbibliothek ein Exemplar aus dem Jahre 1531 einzusehen. Eine dritte Auflage erschien Augsburg 1535; Nachdrucke Frankfurt 1565 und Hamburg 1660. — Keine Arbeit Boners ist so häufig aufgelegt worden, wie gerade der Herodianus; er scheint am meisten Anklang gefunden zu haben.

Der Übersetzung liegt, wie Boner selbst angiebt, die lateinische Version des Angelus Politianus zu Grunde. Dieselbe erschien zuerst Bonon. 1493, dann Argentor. 1513. Es ist anzunehmen, wenn auch nicht zu beweisen, dass Boner die letztere Ausgabe, als die ihm näher liegende, benutzt hat.

Angegeben ist diese Übertragung zuerst von Gottsched in den Beiträgen III, 218. Es lag ihm die Frankfurter Ausgabe 1565 vor; ferner ziemlich genau vom Jöcherschen Gelehrten-Lexicon. Theophilus Georgius Europäisches Bücherlexicon kennt (Bd. I) nur die Hamburger 1660 Octavausgabe; sie umfasst nach seiner Angabe 24 Bogen. Der „Herodianus“ ist auch jetzt noch stark auf den Bibliotheken verbreitet. Ich selbst habe auf den Bibliotheken zu Strassburg, Colmar und Basel mehrere Exemplare einsehen können.

Auch Schwarzkopf, der bekannte Übersetzer, hat nach Boner eine Übertragung des Herodian geliefert. Sie kann eine „heimliche“ Benützung der Bonerschen Arbeit nicht ganz verleugnen, steht ihr aber an Gewissenhaftigkeit und Treue bedeutend nach. —

Noch in demselben Jahre, wie der „Herodianus“, erschien Boners Übersetzung des Justinus. Die Arbeit ist, namentlich gegen das Ende zu, eine übereilte, nachlässige; um so mehr ist es zu verwundern, dass sie, so viel ich weiss, bis zum Jahre 1781 ohne Rivalin blieb. Sie hatte einem starken Bedürfnis abgeholfen*. Justinus gehörte im Mittelalter und bis tief in die Reformationszeit hinein zu den gelesensten römischen Autoren und es war an der Zeit, ihn dem Volke zugänglich zu machen.

Der Titel der Bonerschen Übertragung lautet:

„des hochberümptesten geschichtschreybers Justini / wahrhafftige hystorien / die er aus Trogo Pompenio gezogē / vn in Viertzig vier bûcher ausgeteylt / darinn er von vil künigreychen der welt / wie die auff vnd abgang genommen / beschriben. Die Hieronymus Boner der zeyt schultheys zu Colmar / auss dem Latein inn diss volgendt teutsch vertolmetscht hat / welche nit allein zu lesen lustig / sonder einem yeden menschen zu wissen nutzlich vñ not ist“.

Die Drucknotiz lautet: „mit keyserlicher Majestät Gnad vnd Privilegio · getruckt zu Augspurg durch Heinrich Steiner MDXXXI · mit schônen holtzschnitten“. Zwei davon auf dem Titelblatt stellen Minus und Alexander den Grossen in ritterlicher Tracht dar.

Diese erste, und jetzt ziemlich seltene Ausgabe hat Gottshed auch gekannt und führt sie in seinen „Beyträgen“ I, 22 an. Degen erwähnt sie ebenfalls, hat sie aber nicht gesehen. Sie befindet sich auf der Colmarer Stadtbibliothek, zusammengebunden mit 1. „von vnterweisung einer christlichen frawen“, 2. „von gebürlichem thûn und lassen eines ehemanns“ (von Joannes Ludovicus Viris), 3. „Herodianus“ (Datum fehlt, ebenso die Drucknotiz).

Eine zweite, jetzt noch häufig sich findende Ausgabe des Justinus wurde schon im folgenden Jahre, 1532 veranstaltet. Die Widmung ist bei beiden Auflagen dieselbe. Sie ist, in Anbetracht dessen, dass der römische Autor im letzten Buch „dye hochberümtisten Hyspanier land / vñ künigreich vber all

* Cf. F. Rühl: Die Verbreitung des Justinus im Mittelalter. Lpz. 1871.

ander preyset vnd lobet / vnd dan die kay. Maj. dern aller ainziger Künig vñ herr ist" gerichtet an den „allerdurchleuchtigsten / grossmächtigsten / vnd vnüberwüntlichsten fürsten vnd Herrn / Herrn Carl dem Fünfften erwölten vñ gekrönten Römischen Keyser / etc. ."

Aber auch sein eigenes Interesse als Schriftsteller und — Politiker glaubt Boner durch diese Widmung gewahrt, indem „jn ansehung der theursten Fürsten namen / denen sollichs zugestellt .... der schreyber fleiss vnnd arbeit von den hinderstichigen zungen der uppigen menschen vnbelaydigt bleiben ... vnd dester glaubwirdiger geacht werden".

Dieser letzte Satz ist nach unsern obigen Ausführungen wohl verständlich; wurde er doch zu einer Zeit geschrieben, wo Boners politische Existenz infolge der Verleumdungen seiner Feinde eine fragliche geworden war. Es darf nicht als Kriecherei aufgefasst werden, dass die Widmung sich gerade an Carl V. wendet — der Kaiser allein konnte den energischen Schultheissen einer segensreichen Tätigkeit erhalten und ihm wieder zu dem verdienten Ansehen verhelfen.

Die Widmung trägt das Datum: „Augspurg den letstenn tag Septembris des herpstmonats / anno 1530". Unterzeichnet ist sie: „der statt Colmar Schultheyss Hieronymus Boner".

Welche Ausgabe des Justinus von Boner übersetzt worden ist, lässt sich kaum bestimmen. Es gibt bis zum Jahre 1530 deren drei: Die editio princeps, Venet. 1470 und Rom. 1470. Ald. 1522. Diese letztere Edition ist vielleicht, weil sie ihm am nächsten liegt, als Vorlage anzunehmen. Anhaltspunkte haben wir jedoch keine. —

Einen unverkennbaren Rückschritt in seiner Übersetzungskunst bekundet Boner im „Thucydides"; die Erklärung liegt in den nicht unbedeutenden Schwierigkeiten, welche dieser Historiker selbst heute noch einer glatten Übertragung in den Weg legt, sowie in der Mangelhaftigkeit und Unbeholfenheit der vorliegenden lateinischen Version. Eine solche erschien zum ersten Male in Paris 1513, dann in Cöln 1527 unter dem Titel:

„Thucydidis Atheniensis Historiographi de bello Peloponnensium Atheniensiumque libri VIII. Laurentio Valla interprete et nunc a Conrado Heresbachio ad graecum exemplar diligentissime recogniti“.

Ein eingehender Vergleich lehrt, dass diese Versio der Bonerschen Übertragung zu Grunde gelegen hat. Letztere führt den Titel:

„Thucydides / der aller theurest vnd dapfferest Historienschreiber / von dem Peloponnenser Krieg / Jn acht bůcher gethailt / darinnen von wunderlichen seltzamen hendlen vñ kriegen / so die Griechen vnder jnen gehabt / begriffen / nit minder notwendig dan nutzlich zu lesen / durch den Achtbarn ec. / herrn Hieronymum Boner / Schulthayss zu Colmar in Teutsche sprach verwendet.

MDXXXIII“.

Das Buch enthält 169 Blätter und bietet eine Menge Illustrationen über den Kapitelüberschriften. Die Drucknotiz lautet:

„getruckt vnd volendet in der Kayserlichen statt Augspurg / durch Heynrich Steyner / den XVI tag Junij · im MDXXXIII Jar“.

Die an den „edlen strengenn Herren Eiteleckcn von Rüschach / ritter zum Epberg / vogt zu Lauffenperg“ gerichtete Dedication haben wir schon kennen gelernt. — Der Bonersche Thucydides ist wohl nicht stark gelesen worden, denn es ist nur diese einzige Ausgabe nachzuweisen. Sie hat dem deutschen Volke genügt bis zum Jahre 1757, welches eine zweite, natürlich bedeutend bessere Verdeutschung brachte. —

Der „Thucydides“ war Gottsched ebenfalls bekannt; er erwähnt ihn Beyträge III, 243. Degen, dessen glücklichem Sammelfleiss auch dieses Werk nicht entgangen ist, gibt II, 505 f. eine anerkennenswerte Würdigung desselben, sowie eine kleine Übersetzungsprobe. — Das Werk ist ein sehr seltenes. Ich hatte Gelegenheit, ein Exemplar auf der Basler Bibliothek einzusehen. —

Das nächste Jahr, 1534, brachte einen Teil der grossen Plutarchübersetzung, der umfangreichsten Arbeit, welche der unermüdliche Fleiss Boners zu Tage gefördert.

Der Titel lautet:

„Plutarchus Teutsch.
vor dem leben vnd Ritterlichen geschichten der allerdurchleuchtigsten Griechen vnd Rômern / Alexandri Magni / Julij Cesaris / C. Marii / Pyrrhi / Demetrij / M. Antonij / Photionis vnd Catonis Uticensis / auss dem namhafftigsten Griechischen geschichtschreyber Plutarcho / neulich verteutscht / vnd in sonderheyt von den Zymbrischen / die C. Marius erlegt daher die wolgebornen freyen herrn von Zymbern / jren vralten / hoch Adeulichen vrsprung haben“. —

Es folgt das Titelbild, welches ein, wahrscheinlich den Freiherrn von Cymbern (Zimmern) zugehöriges Wappen darstellt: im Schilde ein Löwe, der eine Lanze trägt. Der Schild wird geschützt von zwei Drachen. Über dem Helm ein Hirsch mit achtendigem Geweih. Die Drucknotiz auf dem 164. Blatte a. lautet: „getruckt vnnd vollendet in der keyserlichen statt Augspurg / durch Heynrichen Stayner / nach der geburt etc. am sibenden tag martij anno MDXXXIIII“. Ein Exemplar dieser sehr selten gewordenen Ausgabe findet sich zusammengebunden mit „Herodian“ 1531 — Justinus 1532 und Paulus Orosius 1539 auf der Colmarer Stadtbibliothek.

Degen Gr. II, 278 f. nimmt eine Strassburger Ausgabe vom Jahre 1534 als die erste, die erwähnte als die zweite an. Wie er dazu kommt, ist unbegreiflich. Boner hatte keinen Grund, Steiner in Augsburg aufzugeben und in Strassburg drucken zu lassen, von wo aus der Büchervertrieb damals noch ein ziemlich geringer war. Ferner ist kaum anzunehmen, dass dieselbe Übersetzung in demselben Jahre an verschiedenen Orten erschien, und zumal in Augsburg an zweiter Stelle bei einem Verleger, welcher den Verdacht eines unerlaubten Nachdrucks nicht aufkommen lässt. — Befremdlich wirkt nur der eine Umstand, dass der Titel der 1534 Augsburger Ausgabe den Namen Boners nicht trägt; die vollständige Unterschrift der Dedication („Jeronymus Boner, schulthaiss zu Colmar“) vermag jedoch jeden Zweifel zu heben.

Dieselbe, datiert „Colmar am lezten tag Maij . . anno MDXXXIIJ“, wendet sich „an den wolgebornen herrn: herrn Wilhelmen Wernhern / Freyhern zû Zymbern / herren zu Wildensteyn / kö. kai. Mai. etc. vnsers aller gnedigsten herrn Camergerichtes beysitzern". Den nun folgenden weitläufigen und sehr gelehrten Ausführungen entnehmen wir, dass sich Boner schon damals einer erstaunlichen Belesenheit rühmen konnte. Es gilt ihm in diesem Falle, durch seine Übertragung gewissermassen den Beweis zu liefern — wie er es ja auch auf dem Titel bemerkt —, dass die Freiherren von Cymbern ihr Herkommen von dem bekannten germanischen Stamme der Cimbern mit Fug und Recht ableiten können. Es ist dies jedenfalls nur der Ausdruck eines höflichen Dankes, den er diesen Herren für irgend einen ihm geleisteten Dienst schuldig zu sein glaubte. Wir können uns gewiss eines Lächelns nicht erwehren, wenn er im ernsten Tone des gelehrten Forschers versichert, dass ihn das erwähnte freiherrliche Wappen zu den umfangreichsten Studien veranlasst, und schliesslich auf den Plutarch gebracht habe.

Auf die lateinische Vorlage dieser Übertragung werden wir erst an der Stelle, wo wir die ganze Plutarchübersetzung zu besprechen haben, des Näheren eingehen.

Im folgenden Jahre, 1535, erschien Boners „Herodotus", entschieden die unvollkommenste und ungeschickteste Übertragung, mit der der Stettemeister uns bedacht. Sie macht im Gegensatz zu seinen übrigen Übersetzungen weniger den Eindruck einer solchen, als vielmehr den einer Paraphrase. Boner verfährt aufs Willkürlichste mit seiner Vorlage; er übergeht nicht nur die „egyptischen superstitionen, ceremonien und tempelgebrengs" wie er in der Widmung bekennt, sondern erlaubt sich sehr oft beträchtliche Kürzungen, deren Grund man selten einsieht.

Der Titel lautet:

„Herodotus der allerhochberümptest griechische geschichtschreyber / von dem Persier / vnd vilen andern kriegen vnd geschichten / cc. Durch Hieronymum Boner / Oberster Mayster zu Colmar / auss dem Latin inn das nachuolgende Teütsch gebracht".

Darauf folgt ein Titelbild, welches in ziemlich unvollkommener Darstellung eine Schlacht im mittelalterlichen Stil veranschaulichen soll.

Die Übertragung, wovon ich auf den Strassburger und Basler Bibliotheken Exemplare einsehen konnte, ist ziemlich spärlich (nur am Kopfe eines jeden Buches) in mittelalterlicher Auffassung illustriert.

Den Inhalt der Dedication haben wir schon oben kennen gelernt. Es folgt ihr eine Vorrede, welche überschrieben ist:

„Anzayg der frücht nutz vnd frommens / so auss lesung der Hystorien erlangt werden / auch von dem lob vnd rûm der Hystorien / durch Diodorum Siculum beschriben“.

Darauf eine ziemlich genaue Übersetzung einer umfangreichen Stelle aus einer Vorrede des Angelus Politianus zu Sueton.

Die Übersetzung ist wohl schon 1533 zu Stande gekommen, denn nur in diesem Jahre konnte sich Boner „oberster mayster“ nennen. 1534 war er „erster mayster“, wie uns die Dedication und die Colmarer Ratsprotokolle besagen.

Es ist anzunehmen, dass Boner als lateinische Vorlage die „interpretatio Laurentii Vallae und Conradi Heresbachi“ benützt hat. Dieselbe erschien 1493, dann 1526 zum zweiten Male in Köln. Eine andere lateinische Version aus jener Zeit ist mir nicht bekannt. Ein Vergleich bleibt bei der Willkürlichkeit der Bonerschen Übertragung natürlich ergebnislos. Nichts jedoch gegen unsere Annahme besagt der Umstand, dass Boner die in Vallas interpretatio am Rande fortlaufenden genauen Inhaltsangaben ganz unbeachtet lässt und durch eigene ersetzt. Dies ist eine ausgesprochene Eigenheit unseres deutschen Übersetzers, in der wir eine gewisse Selbständigkeit und ein eigenes Verständnis erkennen müssen.

Es tritt nun eine vierjährige Pause in dem Übersetzungsfleisse Boners ein, die ihren Grund in einer gesteigerten Amtstätigkeit haben mag. Ein solches Aussetzen war auch gewiss nötig, denn wir haben die sich stets einstellenden üblen Folgen der Vielschreiberei auch bei Boner kennen gelernt: Flüchtigkeit und Untreue dem Original gegenüber. Diese Mängel zeigen sich bei Weitem nicht mehr so ausgeprägt in der einen entschiedenen Fortschritt bezeichnenden Übersetzung des Paulus Orosius. Ihr Titel lautet:

„Paulus Orosius. Chronica vnnd beschreybung des heyligen Pauli Orosij / so er hat gethon in Latin ausz bitt vnd beuelch auch eben in der zeit vnd leben / des allerheiligsten Aurelii Augustini bischoffs zu Hippon in Aphrica / von dem vmbkreysz vnd gelegenheit der gantzen Welt / so dañ, in drey teil getailt / Als namlich Aphrica / Asia vnd Europa / mit was meer vnd gepürgen die vmbgeben / auch was dariñ von Rômern vnd andern vôlkern / von anfang der weltt / bisz auff erbawung der statt Rom / vnd dann fortan bis zû der regierung honorij vnd Theodosij / der Rômischen keysern / fürgangen vnd gehandelt ist. Als grewliche schlachten vnd blutvergiessen, grossen theurungen vnd hungers noth / schädlichen feurssbrenden / erschrockenlichen sünd vñ wasserflüssen / darzû groszen erdbidem auch verfolgung vñ durchächtung der Christen / vormals in Teutsch nie gesehen / vnd aber yetzund dúrch den achtparn vnd weisen Herrn Hieronymum Bonern diser zeit Oberster Meister der loblichen Reichszstatt Colmar in obern Elsass / in dz nachfolgend Teutsch verdolmetscht vnnd gemeinē nutz zû gût an tag geben.

zû Colmar bey Barptholomeo Grûninger

MDXXXIX“.

Gewidmet ist diese Verdeutschung dem „edlen ehrenfesten herren Wolffen vonn Landtsperg der stifft Strassburg Vitztumb meinem günstigen und gebietenden herrn“. Boner zieht eine Parallele zwischen den Zeiten des Orosius und den seinen und findet, dass sie sich überaus ähnlich sind — beides Zeiten voll „trübsal, jamer angst vñ not“. Er hält es deshalb für zeitgemäss, dieses Werk zu übertragen. Er widmet es dem genannten Herrn, weil er voraussetzt, dass derselbe „auss angeborner Adelichen tugendt ein sonder begird vnd neigung / die wahrhafften historien vnd geschichten zû lesen hat“.

Datirt ist die Widmung: „Colmar den ersten tag des herbstmonats anno domini MDXXXIX“. —

Diese Übersetzung, von der ich in schönen Exemplaren auf den Strassburger und Colmarer Bibliotheken Kenntnis nehmen konnte, ist die einzige nicht illustrirte, zeichnet sich aber dafür vor vielen andern durch einen saubern Druck vorteilhaft aus. — Eine zweite Auflage erschien 1576, eine dritte 1581, beide zu Frankfurt a/M. Der Titel der letzteren ist ein etwas veränderter, doch, wie buchhändlerische Geschmacklosigkeit und Gewinnsucht in der damaligen Zeit es verlangten, nicht minder marktschreierisch. Der Vollständigkeit halber führe ich ihn an nach Degen R. II, 151 (ich selbst hatte nicht Gelegenheit, ein Exemplar zu Gesicht zu bekommen):

„chronica / das ist: wahrhaffte eigentliche vnd kurtze Beschreybung / dess Vmbkreisz vnd Gelegenheit der gantzen Welt / so in drey Theil / nemlich in Aphrica / Asia vnd Europa / abgetheilet / mit was Wasser / Meer vnd Gebirgen / die vmbgeben / auch was darinn von allen nationen vnd Vǒlkern / als greuwlichen Schlachten vnd Blůtvergiessen / groszen Theuwrungen vnd Hungersnot / schädlichen Brünsten / erschrecklichen Sünd vnd Wasserflüssen / darzů grossen erdbidem / auch verfolgung vnd durchächtung der Christen / von Anfang der Welt bisz auf erbauwung der Statt / vnd zur Regierung Honorj vnd Theodosj / der Römischen Keysern / sich verlauffen vnd zůgetragen hat. Erstlich durch den heyligen Bischoff Paulum Orosium, ausz befelch des auch heyligen Aurelii Augustini / bischoffs zů Hippon in Aphrica / in Latein beschriben. Nachmals von dem achtbarn vnd weysen Hieronymum Boner / weyland Stettmeister der lǒblichen Reichsstatt Colmar / verteutscht. Jetztund auffs neuwe gebessert vnd corrigirt / vnd dem gemeinen Mann zů gůt on tag geben. Getruckt zů Franckfurt am Mayn / durch Johannem Schmidt / in Verlegung Sigmund Feyerabendts MDLXXXI. fol.“

Auch diesen im Mittelalter so häufig gelesenen und als geschichtliche und geographische Quelle benützten Schriftsteller hat Boner zum ersten Male übersetzt. Die Bonersche Arbeit reichte aus bis zum Jahre 1797, wo eine zweite Übersetzung erschien. —

In demselben Jahre, wie der „Orosius“ fand auch die Übersetzung des Xenophon ihren Abschluss. Sie erschien unter dem Titel:

„des hochgelörtesten philosophen / warhafftigsten Geschichtschreibers / vnd allertheürsten Hauptmans Xenophontis

Commentarien vnd beschreibungen / von dem leben vñ heerzug / Cyri des ersten Künigs in Persien / Auch von dem tråfflichsten heerzug den Cyrus der ander des namens / künig in Persien / wider seinen Bruder Artaxerxem gethan / Vñ wie die Griechen an allen orthen gesigt haben / Auch wz die von Athen nach der beschreybung Thucididis gehandelt haben / alles / durch den achtbarn vñ weisen / herrn Hieronymum Boner / oberstmaister zů Colmar / ausz dem Latein inns Theütsch gebracht / vnnd gemaynem nutz zů gůtt / inn druck verordnet".

Es folgt das Titelbild, welches einen König (wohl Cyrus den Ältern) in französischer Hoftracht, sowie rechts und links an ihn herandrängende Bittsteller darstellt. Darunter die Jahreszahl MDXXXX.

Die Übersetzung ist gewidmet „dem wolgebornen herren / herrn Georgen Grauen zů Erdbach / Churfürstlicher Pfalzerbschenck / vnder Landtvogt in Elsäsz etc." Der Übersetzer ist bei Gelegenheit einer ehrenvollen Begleitung der hochgeborenen Braut des Grafen („der durchleüchtigen hochgepornen furstin vnd / frau Elisabeth geborne pfaltzgräuinn / hertzogin in Bayern / vnd frauwen zu Erdbach") nach Schloss Fürstenau, an der er mit andern Gesandten der „landvogty Stetten" teilnimmt (in welches Jahr dieses Ereignis zu setzen ist, war nicht möglich zu ermitteln) ergriffen, nicht nur von dem Glanz des Schlosses, in dem „ein wolgeordnetes wesen und alle vberflüssigkeit, die herrlichen vnd wolgezierten Salen vñ gemåcher" seine Bewunderung erregten, sondern auch von dem hohen Adel des Geschlechtes derer von Erdbach, die im Laufe von zwei Jahrhunderten zweimal Ehen mit Fürstinnen eingegangen waren. Dem neu vermählten Paare eine Huldigung darzubringen fühlt er sich jetzt veranlasst: er widmet dem des Lateins hochverständigen Grafen und dessen ebenso liebenswürdiger wie kunstsinniger Gemahlin sein mühevolles Werk.

Die Widmung ist datiert: „Colmar den zwelfften tag Augusti Anno MDXXXVI". Geschrieben ist sie jedoch sicher im Jahre 1535, denn Boner nennt sich darin „obristmeister", welches er 1535, nicht 1536, tatsächlich gewesen ist.

Der Widmung folgt ein sorgfältig ausgearbeitetes Sachregister. — Auf dem 241 fol. lautet die Drucknotiz:

„getruckt zu Augspurg durch Hainrich Stainer / am zwei vnnd zweintzigsten tag Julii dess MDXL“.

Die letzte Seite des Buches bringt ein Schlussbild, welches zwei Könige in ritterlicher Tracht (vielleicht Cyrus der Jüngere und Artaxerxes) darstellt, die mit gezogenen Schwertern einander feindlich gegenüberstehen. —

Boners „Xenophon“ enthält die Cyropaedie, den Feldzug des jüngern Cyrus und die griechische Geschichte. Welche lateinische Übertragung als Vorlage anzunehmen ist, konnte ich bis jetzt, weil mir das Material fehlte, nicht bestimmen. Degen Gr. II, 543 gibt als Vorlagen an: bei der Cyropaedie die lat. Übertragung von Francesco Filelfo, bei der Expedition des Cyrus die von Romulus Amasäus und Johann Laskaris und bei der griechischen Geschichte die von Bilibald Pirckheimer. Den Beweis kann er jedoch nicht führen, da er nicht einmal die Bonersche Übersetzung gesehen hat. Wahrscheinlicher ist mir, dass ein 1520 zu Hagenau erschienener Xenophon, graeco-latine, vorgelegen hat.

Das folgende Jahr, 1541, brachte die vollständige Verdeutschung von Plutarchs vitae. Durchaus im Geschmack jener Zeit geschrieben, wie alle Bonerschen Übertragungen, übertrifft sie jedoch die gleichzeitigen Arbeiten dieser Art an Gewandtheit und Sorgfältigkeit. Sie erschien unter dem Titel:

„Plutarchus von Cheronea / der allernamhafftigst / Griechisch geschichtschreiber / von den Leben vnd Ritterlichen thaten / der allerdurchleůchtigstē månner / Griechen vnd Rômer / Kůnig / Burgermeister / vñ Hauptleůten / als namlich / Tesei Kůnig zu Athen Romuli vnd Remi etc. deren sechs vnd vierzig vnderscheidenlich nach einander / mit jren leben (vnd wo es die noturfft erfordert) mit figuren anzeigt. Namlich durch den Fůrnemen vnd weisen Herren Hieronxmum Boner derzeit Stettmeister / der lôblichen Reichstatt Colmar / im Elsass / ausz Latein inn das nachuolgend Teůtsch gemeinem nutz zů gut verwendt. Zů Colmar bey Barptolome Grieninger. M · DXLI“.

Die Drucknotiz auf dem letzten Blatte lautet: „getruckt inn der löblichen Statt Colmar durch Barptolomeum Grieninger / vnd vollendet den neün und zweinzigsten tag Martij / jm jar nach Christi vnsers seligmachers geburt MDXLI. fol.“

Dieses Druckwerk vereinigt die im Jahre 1534 erschienenen 8 Biographien mit den neu gefertigten 39. Erstere bilden den Schluss des ganzen Buches und sind, ohne jedoch einen besonderen Titel zu führen, selbständig paginiert. Die Illustrationen und der Druck sind sehr untergeordneter Art: Grieninger besass eben weder die Mittel noch die Energie, eine leistungsfähige Officin zu führen. Es ist noch ein Brief* vom 9. Februar 1545 von Basel aus an Boner gerichtet, erhalten, in welchem selbst die Ehrlichkeit des Colmarer Druckers stark in Zweifel gezogen und Boner vor ihm gewarnt wird.

Die Widmung, datiert vom „29 tag Martij anno 1541“ wendet sich an „den hochgebornen fürsten vnd herrn, herrn Georgen / Grauen zu Wirtemberg vnnd Mumpelgart etc.“ Mit Rücksicht auf den Eifer, den dieser Herr historischen Studien zuwendet, hatte Boner, damals Stettmeister, die Absicht, demselben die Geschichte des hispanischen und neapolitanischen Kriegs, die er „vor etlichen jaren“ aus dem Lateinischen übersetzt hatte, zu widmen. Doch „leibes not“ seines Druckers schob die Drucklegung seines Werkes weit hinaus (bis zum Jahre 1543, cf. pag. 41). Inzwischen widmet er die fertig gewordene Übertragung des Plutarch dem Grafen und bittet um gnädige Aufnahme.

Boner nennt am Kopfe der ersten Vita als seinen lateinischen Gewährsmann den Lapus Florentinus. Derselbe (Joannes Lapus aus Castiglione), ein Schüler des berühmten italienischen Gräcisten Francesco Filelfo, hat jedoch nur einige Vitae ins Lateinische übertragen. Infolge dessen ist anzunehmen (ein Vergleich liefert die Bestätigung) dass Boner das in den Jahren 1478 und 1496 unter dem Titel

„Virorum illustrium vitae ex Plutarcho Graeco in latinum versae solertique cura emendatae: Per Nicol. Jenson Gallicum Venetiis impressae“

* Colmarer Stadtarchiv.

erschienene Buch als Vorlage benützt hat. Die Mitarbeiter an dieser grossen lateinischen Übertragung sind: Lapus Florentinus, Donatus Acciaiolus, Guarinus Veronensis, Antonius Tudertinus, Leonardus Aretinus, Franciscus Barbarus, Leonardus Justinianus, Jac. Angelus de Scarparia, Franciscus Philelphus. —

Rein äusserliche Differenzen zwischen Original und Verdeutschung, die sich lediglich auf Auslassungen oder Verschmelzungen beziehen, sind nicht im Stande, unsere Annahme umzustossen. Boner hat sämtliche Vitae, mit Ausnahme der des Galba und Otho übersetzt. Übergangen hat er alle Parallelen bis auf eine, die zwischen Aristides und Cato. Von der „comparatio Hannibalis et Scipionis“ gibt er nur die 4 ersten Zeilen und hängt sie an die „vita Scipionis“. Sonstige Auslassungen sind geringerer Art und ohne weitere Bedeutung. Auch im „Plutarch“ sind die Randglossen nicht Übersetzungen, sondern eigene Arbeit.

Ein Exemplar dieser Übersetzung befindet sich auf der Stadtbibliothek zu Colmar. —

Eine zweite Ausgabe des Plutarch 1541 erschien 1555 unter gleichem Titel als unveränderter Abdruck bei Augustin Friess in Strassburg. Über diesen Verlagswechsel gibt uns ein Document auf dem Colmarer Stadtarchiv Aufschluss. Im Jahre 1555 ging der ganze Vorrat der Plutarchübersetzung von Bartel Grieninger, welcher augenscheinlich Bankerott gemacht hatte, an Augustin Friess in Strassburg auf Grund eines Kaufvertrages mit dem Rat der Stadt Colmar über. Die Zahl der damals noch vorhandenen Grieningerschen Exemplare belief sich auf 363. Für je drei derselben bezahlte Friess „einen guldin, zu dreyzehenthalben schilling Rappen oder fünfzehn Batzen gerechnet“. Es ist nun anzunehmen, dass die Grieningerschen Exemplare rasch vertrieben wurden um der erwähnten neuen Ausgabe, die wahrscheinlich schon vorbereitet war, Platz zu machen. Dieselbe ist jetzt sehr selten geworden; schon Degen hatte sich vergeblich bemüht, sie aufzutreiben. Das mir vorliegende Exemplar ist Eigentum des Herrn Prof. Dr. Martin in Strassburg.

Die Bonersche Übersetzung blieb nicht lange ohne Rivalin. Das Jahr 1580 brachte folgendes Erzeugnis:

„Plutarchus, Der fürtrefflichst historj-schreiber / von den herrlichsten löblichsten / namhafftesten Historien / Leben / handlungen vnd Ritterlichen thaten / derr mannlichsten Helden / vnd herrlichsten männern / so vorzeiten vnder der Römern vnd Griechen / an Weiszheit / Tugenden vnd Ehren / fürnemlich Gegrünet haben. Ein Schatz vnd aussbundt aller anderer historien / welches durchauss mit gewaltigen Lehren / klugen Rahtschlägen / höfflichen Reden / wunderbaren Sprüchen vnd schönen Exempeln / sampt derselben gründtlichen auszführung vnd zeugnussen vieler berühmpter Männer / gantz stattlichen dargethan vnd erklärt wirdt.

Zů Nutz vnd gutem gemeinem vatterlandt Teutscher Nation / jetzt erstmals auss Griechischer Sprach (darinn das werck beschriben) in die hochteutsche zungen / mit grossem fleiss vnd vngläublicher mühe / transferiert / vber ein jedes Buch seine Argument vnd Innhalt gesetzt / vnd mit schönen figuren geziert / dergleichen vormahls nie in Teutsch auszgangen / vnd in druck verfertigt.

Durch den hochgelehrten herrn Guilielmum Xylandrum von Augspurg / angefangen / vnd nach seinem tödtlichen abgang durch den auch wolgelehrten Jonas Löchinger vollendet. — Allen Regenten hoch vnd nidern Standts / auch Obersten / Rittmeistern / Hauptleutten / vnnd sonst menniglich / nicht allein nützlich vnnd ergetzlich / sonder auch zu wissen hochnotwendig.

mit einem vollkommenen Register.

mit Römischer Keys. May. Freyheit nicht nachzudrucken. getruckt in der keyserlichen Reichsstatt Franckfort am Mayn / etc. Im Jar / M · D · LXXX“.

Dieser marktschreierische Titel, den ich schon deswegen hersetze, um durch einen Vergleich Boners Bescheidenheit in den Aufschriften seiner Bücher ins rechte Licht zu stellen, contrastirt in merkwürdiger Weise mit dem Inhalt der an den „edlen vnd ehrenvesten Hartmudt von Cronberg“ gerichteten Dedication. Nachdem Sigmund Feyerabendt, der Verleger, in umfangreichen Sätzen der Geschichtschreibung und ihrer hohen Bedeutung das Wort geredet hat, kommt er endlich auf sein Buch zu sprechen und bekennt, dass „solch Werck vor etlich Jaren in Teutsche Sprach ist transferiert / vnd nachmals in Truck (aber doch nicht zum fleissigsten) verfertiget worden“. Da aber beinahe alle Exemplare „distrahiret“ seien, so habe er sich auf dringende Bitten von vielen Seiten her bewogen gefühlt, eine Revision und Vergleichung mit andern Sprachen vornehmen zu lassen „nicht ohne mühe vnd Vnkosten“. — Es ist nicht schwer zu vermuten, dass das erwähute „werck“ die Bonersche Übersetzung ist, und eine Vergleichung der Texte bestätigt diese Vermutung vollkommen. Es finden sich nur wenige Abweichungen und diese sind meist sprachlicher Natur. Namentlich ist das Bestreben bemerkbar, dialectische Eigentümlichkeiten der Bonerschen Übersetzung zu tilgen. Wir dürfen vielleicht auch zugeben, dass manchmal eine erspriessliche Vergleichung der lat. Version mit dem griechischen Text stattgefunden hat — umfassend konnte dies jedenfalls nicht geschehen sein, da es eine gründliche Veränderung der lateinischen Übertragung, die zu jener Zeit oft stark an die Paraphrasen streift, zur Folge gehabt hätte.

Wer hat nun die Revision unternommen? Die Dedication erwähnt überhaupt keinen Namen; Feyerabendt hält es auch nicht für zweckmässig, die Übersetzung offen als eine Bonersche anzugeben. Dagegen prangt auf dem Titel der Name des damals häufig genannten Vielschreibers Xylander. Ob derselbe in Wirklichkeit die Revision vorgenommen hat (und dies wäre der einzige Anteil an dem Werke, den wir ihm einräumen können) oder ob er nur seinen klangvollen Namen dazu hergeben musste, ist nicht wohl zu ermitteln. Wir halten das letztere für das wahrscheinlichere. — Eines lässt sich jedoch aus diesem buchhändlerischen Kniff schliessen, dass schon damals Boner zu den weniger genannten, also auch den für den Buchhändler unerspriesslicheren Namen gehörte. —

Im Jahre 1543 erschien Boners „Demosthenes“ unter dem Titel:

„vier schöne vnd zierliche orationes oder Reden / des allerfürnemsten redner Demosthenis / wider den Künig Philipsen /

aus Macedonien / der ein vater des grossen Alexanders gewesen ist / an seine mitburger zů Athen / gethon. Erstlich ausz griechischer sprach ins latein / nachmaln durch den achtbarn vnd weysen herrn / Hieronymum Boner / Oberst mayster zu Colmar / Römischer Kû. May. zu Eeren ausz dem Latein iñs Teutsch transferiert vnd beschriben. MDXLIII".

Am Ende: „getruckt in der keyserlichen statt Augspurg / durch Heinrich Steyner. am XIIIJ tag Februarij / des MDXLIII jars".

Nach dem Datum der Dedication (12. Juli 1537) zu schliessen, war das Werk mindestens 6 Jahre vor seiner Drucklegung vollendet, fällt also zwischen die Herodot- und die Orosius-Übersetzung. Es ist dem König Ferdinand gewidmet. Boner zieht einen Vergleich zwischen der Zeit des Demosthenes und seiner eigenen, welche infolge von religiösen und politischen Wirren eine sehr bewegte „sorgfeltige" ist. Es scheint ihm jetzt — wie es auch damals der Fall war — nötig, durch die kraftvollen Worte des Redners zu dem Volke (vielleicht auch zu den Fürsten?) zu sprechen und die „teutsche nation / gegen gott vnd ire ordentlichen oberkeyt / zů frucht geberender gottesforcht vnd gehorsame zu vermanen". —

Mit dem „Demosthenes" ist die Reihe der Übersetzungen alter Autoren abgeschlossen und wir finden nun Boners Aufmerksamkeit auf die Chroniken der damaligen Zeit gelenkt. Schon „etliche jar" vor seiner Herausgabe des ganzen Plutarch, also vor 1541, hatte er sich mit der Übersetzung einer hispanischen Chronik befasst und sie auch, nach seiner Aussage (cf. pag. 37), zu Ende geführt. Die Drucklegung erfolgte jedoch aus oben angeführten Gründen erst 1543. Das Werk erschien unter dem Titel:

„Ein schöne Chronica / vom Künigreich Hispania /. Vnnd sonderlich von Kûnig Ferdinando / wölcher Caroli des fünfften yetzigen Römischen Kaysers (von der mütterlichen lini) Anherr gewesen / wie derselb die Hispanischen Reich geregiert / was Manlicher vnd Ritterlicher thaten Er zu seiner zeyt geûbt / Wie vil Land vnd lewt Er auch vndter seinen gewalt gebracht vnd bestritten / mit klärlicher vermeldung der Hispanischen vnnd Neapolitanischen Krieg / was sich darinnen verlauffen vnd zugetragen: dergleichen vom anfang des Künigreichs Neapolis / vnd wer das am ersten regiert hab: Item / von dem land Jtalia / vnd in sonderhait von der venediger vrsprung vnnd herkomen: darzů ain beschreybung der statt zum adler wie Sie zuerst ain anfang gehebt / Und anders etc. Alles durch Jacobum Dracellum vnd Johannem Jovianum erstlich in Latein beschriben / volgendts durch den achtparn Hieronymum Boner / oberstmayster der statt Colmar / in das Teutsch verwendt. mit schönen figuren durchausz geziert / allermänigklich nit allein kurtzweÿlig / sonder auch nutzlich zů lesen".

Das Titelbild stellt die Erstürmung einer Stadt dar. Darunter die Drucknotiz:

„gedruckt zů Augspurg / durch Hainrich Stayner anno MDXXXXIII".

Das folgende Blatt enthält auf der rechten Seite die Widmung an den „hochgebornen fürsten vnd Herren / herrn Georgen Grawen zů Wirttemberg etc." Das Buch soll ein Gegengeschenk sein für die „vil gnad vnd gunst" die Boner „vnuerdient" empfangen. Worin dieselbe bestanden, lässt sich nicht mehr nachweisen. Vielleicht hat auch der Württemberger seinen Einfluss geltend gemacht, als es sich darum handelte, das wankende Ansehn Boners zu stützen.

Das Datum der Widmung fehlt, ist jedoch leicht zu ergänzen. Boner unterschreibt sich „schulthayss". Dieses Amt bekleidete er 1542, 1543 war er Obristmeister, wie auch der Titel besagt. Also ist 1542 anzunehmen.

Auf der linken Seite des zweiten Blattes ist ein Bild, welches zwei gewappnete Ritter darstellt. Darauf folgt, auf 2 Blättern, das Register mit einer kurzen Inhaltsangabe.

Die lateinische Vorlage dieser Verdeutschung führt den Titel:

„Jacobi Bracelli Genuensis, Historici eruditissimi, libri quinque, item Johannis Joviani Pontani, de bello Neapolitano libri sex. vna cum Historiae encomio doctissimo, Andrea Alciatio Authore. Haganoae per Johannem Secerium Anno MDXXX".

In der Übersetzung weggelassen sind die praefationes des Nicolaus Gerbelius „studiosae juventuti εὐπραττειν“ und des Andreas Alciatus' encomion. — Die sechs Bücher des bellum Neapolitanum zieht Boner, ohne jedoch erhebliche Kürzungen vorzunehmen, in 2 Bücher zusammen. —

Zwei Jahre später erschien eine zweite Chronik unter dem Titel:

„des allermechtigsten kůnigreichs inn Vngern / warhafftige chronick vnd anzeigung / wie das anfang / auff vnd abgang genommen / wie auch das vilfaltig anfechtung vnd vberfal gelitten / vnnd andern nationen schwerlich zůgefügt / vnnd sich der türkischen angriff / so lang biss zu unsern zeytten / so ritterlich erwert hat. durch Anthonium Bonfinium / inn dreyssig Büchern inn latin beschryben / vnd yetzt durch Hieronymum Boner schultheiss zů Colmar / in disz volgendt Tütsch bracht / auch aller bücher innhalt / mitt lustigen figuren anzeigt vnd für ougen gestellt.

Zů Basel by Růprecht Winther / im Jar MDXLV. mit K. M. Freyheyt inn sechs jaren nit nachzůtrucken“.

Diese Übersetzung ist nur noch sehr selten zu finden. Ein Exemplar, welches einen ausgezeichneten Druck aufweist, befindet sich auf der Colmarer Stadtbibliothek. Auch die Strassburger Universitäts- und Landesbibliothek besitzt ein in demselben Jahre, aber unter etwas verändertem Titel erschienenes Exemplar. Der Titel lautet hier

„Des Allermechtigsten künigreichs in Vngern wahrhafftige Chronick vnnd anzeigung / wie das anfang / auff vnd abgang genommen / wie auch das vilfaltig anfechtung vnd vberfall gelitten / vnd andern Nationē schwerlich zůgefügt / vñ sich der Türkischen angriff so lang bisz zu unsern zeytten so ritterlich erwert hatt / inn dreyssig Bůchern beschryben mit jhren Figuren lautter anzeygt vñ erklärt wirt.

Zů Basel by Růprecht Winther / im Jar MDXLV. mit K. M. Freyheyt inn sechs jaren nit nachzůtrucken“.

Welches von beiden Exemplaren das früher erschienene ist, oder ob beide mit dieser Titeldifferenz nebeneinander herliefen, ist nicht zu entscheiden.

Die Widmung, ohne Datum, wendet sich an „den hochwürdigen fürsten vñ herren / herrn hansen Rudolff Stôr, abt der fürstlichen gotshûser / Murbach vnnd Luder etc.“ Der Abt lässt es sich angelegen sein, mit Hülfe eines „wolgelerten Magisters vnd Praeceptors“ unter der Leitung Dr. Johann Hoffmeisters, des provincialen des Augustinerordens im Augustinercloster zu Colmar „alle geptürliche leer vnd Kunst nit mit ringen costen“ zu fördern. In Anerkennung dieser hohen Verdienste um eine Sache, die auch Boner nicht wenig am Herzen lag, um das Schulwesen, widmet der damalige Schultheiss seine Arbeit dem mit ihm durch gemeinsame Studien engverknüpften Freunde. Der Verfasser der „Ungarischen Chronik“ war, wie Boner angibt, der Jurist Antonius Borfinius aus Ascole. Sein Buch erschien, nach seinem Tode, im Jahre 1543 unter dem Titel:

„Antonii Bonfinii rerum vngaricarvm decades tres, nvnc demum indvstria Martini Brumeri Bistriciensis Transsylvani in lucem aeditae, antehac nunquam excusae
quibus accesserunt
Chronologia Panonum à Noah ufque haec tempora & Coronis Histori(ae) Vngaricae diversorum Auctorum.
Basileae
ex Roberti Winter Officina.
anno MDXLIII.
Cum Caesareae Maiestatis gratia et privilegio ad annos sex“.

Die Übersetzung Boners ist eine ziemlich glatte und zeigt im Vergleich zu den früheren Arbeiten eine grössere Gewandtheit.

In demselben Jahre war Boner mit einer Verdeutschung der „Denmârchischen Chronik Alberti Krantzij von Hamburg“ beschäftigt, führte sie jedoch nicht zu Ende, da eine von Heinrich von Eppendorff verfertigte, zu Strassburg bei Hans Schott 1545 erschienene Übertragung zuvorkam. Wir entnehmen diese Tatsache einem vom 28. April 1545 datierten an „den ersamen vnd wolgeachten herrn Johann Hummel, statschreiber zû Colmar“ gerichteten Brief* des Provincialen Hoffmeister. Am Ende finden wir die Stelle: „dem herren Hiero. Boner

* Der Brief ist abgedruckt in: Dr. Eugen Waldner: „Vier Briefe von Johannes Hoffmeister“. Zeitschrift für Geschichte des Oberrheins. Neue Folge VI, 1.

sagend, die cronick des Krantzen sei im truck Teusch ausgangen, do mit er nit vergebens arbeite". —

Dies ist die letzte nachweisbare Spur von Boners litterarischer Tätigkeit.

Bei der Beurteilung der Bonerschen Übersetzungen darf nicht ausser Acht gelassen werden, dass er für die Werke, die er verdeutschte, keine Vorarbeiten vorfand: überall, wo er übersetzt, ist er der erste. Dagegen lässt sich wohl mit Bestimmtheit annehmen und in einem Falle konnten wir es sogar beweisen, dass eine stattliche Reihe von Übersetzern die Früchte des ratsherrlichen Fleisses geerntet haben.

Ob die Verbreitung der Bonerschen Schriften eine grosse oder kleine gewesen ist, lässt sich kaum mehr entscheiden; nur in einzelnen Fällen deutet die verhältnismässig grosse Anzahl der vorgefundenen Exemplare auf das erstere hin. Auch scheint der Rat der Stadt Colmar den Vertrieb der Übersetzungen Boners energisch in die Hand genommen zu haben. Wir finden auf dem Archiv einen vom 2. März 1542 datierten von Meister und Rat unterschriebenen Brief, in welchem unter anderem steht:

„wir habent 204 Büecher plutarchs jnn 4 fass schlahen, die gen Speir füeren vnd vnserm burger Jergen Wickramen zugegen befehlen lossen, derselben so vil möglich vff jetzigen richstag Speir zu vertriben vnd was vberplibt, den nechsten in franckfurter Mess zu andern büechern des orts ligendt zu achten und . . . . . zů verkouffen".

Jerg Wickram war damals Buchhändler in Colmar; dies geht aus einer Stelle eines 1543 datierten Briefes Rhenans hervor (Horawitz und Hartfelder: Briefwechsel des Rhenanus p. 502). Es heisst daselbst:

„venales habentur Colmariae apud Georgium Wiegramium bibliopolam: vrsprung vnd herkommen der 4 ersten könig vnd fürsten deutscher nation".

Wir dürfen annehmen, dass sich der Rat von Colmar ebenso um den Vertrieb der andern Übersetzungen angenommen hat.

Boners Übersetzungsweise.

Wir werden in folgendem versuchen, ein Bild Bonerscher Übersetzungskunst im Umriss zu geben. Es ist ein Bild, das den Stempel des 16. Jahrhunderts trägt, jedoch nicht einiger individueller Züge entbehrt.

Boner ragt, was Treue dem Original gegenüber betrifft, über die meisten der gleichzeitigen Übersetzer hinaus. Es ist ihm darum zu thun, möglichst genau zu übertragen, ohne dass es ihm jedoch immer gelingt, zugleich auch eine verständliche und lesbare Übertragung zu erzielen. Nach den Vergleichen, die wir angestellt haben, können wir nicht übereinstimmen mit der Ansicht Merzdorfs über Boners Übersetzungskunst („Allgemeine deutsche Biographie" 3, 121): sie sei „eine Art Paraphrase und ein Accommodieren an die Zeitverhältnisse, wie es bei andern Übersetzern jener Zeit auch der Fall ist". Diese Ansicht mag allenfalls dann ihre Geltung haben, wenn wir, wo er stattfinden kann, einen Vergleich mit dem griechischen Original vornehmen. Boner hat jedoch ausschliesslich aus lateinischen Vorlagen übersetzt, und der Vorwurf der Paraphrase trifft somit diese und nicht die Verdeutschung. Es ist bekannt, dass die italienischen Übersetzer — Italien lieferte das grösste Contingent der lateinischen Übertragungen — nur eine geringe Treue dem Original gegenüber bewahrten, dass es die Filelfos, die Vallas, die Lapus Florentinus nicht besonders genau nahmen mit dem Wortlaut des griechischen Textes, der manchmal selbst einem bedeutenden Gräcisten wie Filelfo unüberwindliche Schwierigkeiten bereitete. —

Das erste nun, wonach wir bei der Charakteristik einer Übersetzung zu fragen haben, ist: „hat der Übersetzer die zu einer Übertragung notwendige umfassende Kenntnis der Originalsprache besessen?“ Bei Boner können wir diese Frage nicht vollständig bejahen. Wir müssen zugeben, dass unser Übersetzer über einen guten Vorrat lateinischen Wissens verfügen konnte, ein Vorrat, der sich im Laufe der Zeit nachweislich vergrössert hat. Wir haben schon oben erwähnt, dass, wenn wir chronologisch einen Vergleich unter den einzelnen Verdeutschungen anstellen, mit wenigen Ausnahmen immer ein Fortschritt, selten ein Stillstand oder Rückschritt zu bemerken ist.

Wirkliche Misverständnisse und grosse Unrichtigkeiten, sowie falsche Auffassung einer Construction bietet Boner nur in geringer Anzahl. So übersetzt er, um nur einige Beispiele zu geben:

— P. o. c. I qui res gestas regum populorumque *ob* diuturnam memoriam verbis propagaverunt.

4. ra. vnd dieweil gar nach alle die so bey den griechen oder lateinischen die geschehen sachen vnnd geschichten der voelcker *auch* lankwierig gedechtnüss mit worten zu schreyben geflissen.

— c. VI, 1. scientia dei

Boner: „gettliche weissheit“ wo das „Bewusstsein von der Existenz Gottes“ gemeint ist.

— Hd. partim etiam socordes (scil. custodes) eorum quae ad se parum pertinere arbitrabantur.

13 rb. auch waren sy zum theyl so eines kleinen verstandes das sye vermeynten jhnen nicht zů zehören dises zů rechtuertigen.

— Plut. ... vel Pythagora meliori barbaro cuipiam institutionem regis adscribendam velint.

38 va. oder dasz sie den Pythagoram lieber dem Künig zu einem zucht vnd leermeister züschreiben wǒllen / dann etwan einen barbarischen vngeleerten man.

Boner hat hier offenbar nicht versucht, einen Sinn herauszubringen, da dieser Satz so keineswegs im Zusammenhang mit dem Vorhergesagten stehen kann.

— Plut. .. ut enim illum (scib. Jxionem) pro Junone quam amabat nubi permixtum centauros ex ejus concubitur genuisse tradiderunt, sic ...

248 rc dann sie sagen, als Junonem, die er lieb gehapt, beschlaffen, habe er die centauros geboren, also ....

Ein Beispiel für die falsche Auffassung einer Construction:

— Plut. quae autem nos de Numa *memoratu digna* accepimus

fasst Boner Pl. 38 vb so auf, als ob stünde: „quae ex Numa accepimus memoratu digna esse" und übersetzt:

„was wir aber von dem Künig Numa erfahren haben der gedechtnus würdig sein. etc...

Eine zweite Frage: beherrscht Boner seine eigene Sprache? müssen wir verneinen. Wir finden auf der einen Seite eine Menge Unbeholfenheiten, wie wir sie bei den bessern Autoren des 16. Jahrhunderts oft vergebens suchen; dagegen andererseits müssen wir oft eine für jene Zeit anerkennenswerte Glätte und Gewandtheit bewundern. Letzteres ist überall da der Fall, wo die lateinische Vorlage durch eine leichte ungezwungene Darstellung zu einer ähnlichen im Deutschen auffordert, so z. B. beim Herodian des Angelus Politianus. —

Ein Zeichen von Unbeholfenheit ist das Herumtasten nach gleichwertigen Ausdrücken bei der Wiedergabe lateinischer Begriffe und die häufig eintretende Notwendigkeit, einen lateinischen Begriff durch zwei oder mehrere deutsche verständlich zu machen. Oft finden wir sogar ein lateinisches Wort durch das lateinische Wort und das entsprechende deutsche übersetzt.

Eine Zusammenstellung solcher Übertragungen ist nicht nur für Boner, sondern überhaupt für die Übersetzer jener Zeit sehr bezeichnend. Eine kleine Auswahl möge hier folgen.

— P	O. ded.	multa diversi generis animalia	3 rb.	vielerley thier vnd viechs.
	—	proprii appelitus		— eigene begird vnd anligen.
I	c. I	termini Africae	5 rb.	die anstöss vnd end in Africa.
	c. II	jugum (montis)	6 rb.	gradt vnd rucken.
	c. III	tolerare	9 rb.	leiden vnd gedulden.
		obstinatis mentibus		mit verstockten sinnen vnd gedancken.
	c. V	testis	10 rb.	zeugknis vnd anzeig.
VI	c. I	vita		leben vnd wesen.
	c. II	crudele edictum	79 va.	grim gepot vnd edict.

I c. I	opinione caeca	4 ra.	mit einer blinden opinion vnd meynung.
II c. I	intemperantia	18 ra.	vnmässigkeit vnd mûtwillen.
	regnum maximum	18 rb.	ein gross keyserthumb vnd reich.
Hd.	mores	1 rc.	sytenn vnnd geperdenn.
	princeps	1 va.	fürst vnd keyser.
	adversus	1 vb.	gegen vnd wider.
	misericordia	2 rc.	erpermde vñ mitleiden.
	ratio	—	sach vnd geschefft.
	conscientia		gewissne vnd conscienz.
	studium omne meum		mein gnad gunst vnd lieb.
	os	13 vb.	angesicht vnd mund.
	multis laboribus conflictare	26 vc.	mit grosser gefertigkait vnd arbait streitten.
	insidiae	65 ra.	halten oder aufsetz.
	impedimenta	—	tross vnd hinderniss.
Chr.	vera documenta	1 rb.	wahrhafftiger bericht, anzayg vnd vnderweysung.
U.	sedes	35 ac.	sitz vnd vatterland.
Pl.	permagna dissensio	38 rc.	missverstand vnd vngleicheit.
	auditor	38 va.	zůhörer vnd junger.
	sero	38 vb.	gar spat vnd nach langer zeit.
	affirmare	38 vc.	behalten vnd bezügen.
	cum armis	—	in allem küriss vnd harnisch.
	homo humanus atque modestus	147 vc.	milter gůttiger vnd mässiger mensch.
	imminens periculum	148 rb.	zůstande ängste vnd nöthen.
	e vestigio	148 vc.	von stund an vnnd inn dem fůszstapfen.
	gloria	248 rc.	eere vnd rhum.
	adolescens	324 ra.	noch gantz jung vñ ein jüngling.
	sermo	325 ra.	reden vnd orationen.
	magistratus	325 rc.	ampt vnd magistrat.
	aedilis	325 rc.	tempel und gotteshauspfläger vnd baẘmeister.
	expeditio militaris	325 va.	reiss vnd heerzug.

Andererseits finden wir, wenn auch viel seltener, zwei oder mehrere, in der Form des ἓν διὰ δυοῖν vorliegende lateinische Begriffe durch einen resp. zwei deutsche wiedergegeben, z. B.:

— P. O. I ad Aurel. Aug. sitamen eam (scil. obsedientiam) voluntate conatuque decoravi

3 rb. ob ich dieselbig mit meinem gůten willen geziert.

— II qui (scil. Tanais) praeteriens aras ac terminos Alexandri magni . . .

5 ra. vnd lauffet für die altar des grossen A.

— III refuso in omnem terram mari immissoque diluvio.

9 vb. darumb dann demnach der sündtfluss vber alles erdtrich kommen.

Hd. aemulatione quadam et contentione invidiaque

26 aa. auss aignem neyd vnd feindtschafft.

Häufig ist Boner gezwungen, ein einzelnes lateinisches Wort durch einen ganzen deutschen Satz zu umschreiben, weil ihm der gleichwertige deutsche Ausdruck nicht geläufig ist, z. B.:

— Pl. provocator 148 ra. der jn erfordert.

— Lucullus Servilio diem de publicae pecuniae peculatu dixit

324 rc. da hatt er Servilium vor gericht beklagt, dass er der statt gemein gelt entragen.

— Hd. profectio Severi ad urbem susceptaque mox adversus Nigram expeditio

25 va. wie Seuerus (der neu Kaiser) der stat Rom zů vnd demnach bald wyder Nigrum auszgezogen ist.

— J. Byzantium . . . . receptaculum terra marique copiis suis (sc. Philippi) futurum

34 rc. das er sein volck wol zů můr darein vñ ausz bringen môcht. —

Sehr charakteristisch nun für die ganze damalige Auffassung des klassischen Altertums ist die häufig bei Boner (wie bei den übrigen Übersetzern jener Zeit) sich findende anachronistische Übertragung specifisch römischer Begriffe. Ob dieser Anachronismus immer ein naiver ist — eine Annahme, die vielleicht durch die ähnlich aufgefassten Illustrationen gestützt wird — bleibt dahingestellt. Manchmal jedoch ist der Gedanke, der Übersetzer handle bewusst, habe seinen Lesern die fremden Verhältnisse auf diese Weise näher bringen wollen, nicht abzuweisen.

Eine kleine Zusammenstellung solcher anachronistischer Übertragungen ist nicht uninteressant:

consul	Pl. 148 vb.	burgermeister.
consulatus	P O. 79 va.	burgermeisterthûm.
dux	— 79 vb.	hauptmann.
praefectus	— 18 va.	landvogt.
senator	Hd. 1 rc.	radtsherr.
ludi gladiatorum	Pl. 83 rc.	thurniere.
stadium vincere	38 va.	auff dem thurniere sigen.
universi sacerdotes	Pl. 88 rc.	alle pfaffheit.
strennus	147 vc.	ritterlich.
aedilis	148 rb.	bawmeister. kirchenpfleger.
praetor	92 rc.	schultheisz.
milites gravis armaturae	95 rb.	kürisser.
sacerdos	100 ra.	aptissin.
tribuni militares	101 rc.	hauptleüt der ritterschaft.
as	104 rc.	dickpfennig.
principes ac ductores	248 va.	fürsten, hauptleüt vnd öbristmeister.
archon	H. 126	oberster mayster.

Es erübrigt nun noch, einen Blick auf die syntactischen Verhältnisse zu werfen und zu entscheiden, inwieweit sie bei Boner unter dem Einfluss der lateinischen Syntax stehen.

Vor allem muss hier der ausgebreiteten Erscheinung der lateinischen accusativus-cum-infinitivo-Construction in der deutschen Sprache gedacht werden.

Diese syntactische Erscheinung ist nicht eine Eigentümlichkeit, der wir etwa nur in den Bonerschen Schriften oder überhaupt nur in den Übersetzungen aus den klassischen Sprachen begegnen; sie findet sich vielmehr, von Grimm* nachgewiesen, schon im Gotischen (hier allerdings unter dem Einfluss des Griechischen), Althochdeutschen und, wenn auch nur in sehr geringer Anzahl, im Mittelhochdeutschen. Im 15. u. 16. Jahrhundert taucht sie wieder auf und gewinnt rasch an Ausdehnung. Ihr Gebiet in der deutschen Schriftsprache jener

* *Grimm,* Deutsche Grammatik IV, 115 ff. Dazu cf. *Teipel:* im Archiv für Philologie und Pädag. 1841; *Viehoff:* Archiv für den Unterricht im Deutschen 1843. 3, 122; Kehrein, Grammatik III, §§ 48-50.

Zeit ist gewiss so gross, wie in den klassischen Sprachen. Der Einfluss dieser letzteren bei dem Wiedereindringen der Acc. cum Inf.-Construction ist nicht zu verkennen, namentlich wenn man erwägt, dass sie ganz unter denselben Bedingungen, wie im Lateinischen auftritt. Es ist auch nichts natürlicher, als dass die damals syntactisch sehr im Argen liegende deutsche Sprache da, wo sie zur Wiedergabe lateinischer Schriftsteller gezwungen wurde, auch eine, ihr nicht eigentümliche, fremde Färbung erhielt. So erscheint der Acc. c. Inf. infolge dessen zunächst in Übersetzungen — von da aus erweitert sich sein Gebiet auch über die Litteratur, die nicht unter einem unmittelbaren Einfluss der klassischen Sprachen steht, um jedoch bald, und mit Recht, als eine undeutsche Erscheinung verdrängt zu werden.

Einige Beispiele mögen diese Construction illustriren:

— maiores nostri orbem totius terrae oceani limbo circumsaeptum triquadrum statuere,
P. O. 4 vc. vnser vordern haben den gantzen vmbkreiss der erden mit dem grossen oceanischen mer umgeben sein angezeigt.

— qui (scil. janitor) ubi milites et Laetum praefectum adesse vidit...
Hd. 13 va. sobald derselbig Letum den hauptmann mit sampt den rittern zůgegen sein ersehenn hat . . . .

— quod quidem ad bellum finitinum atque domesticum plurimum conducere putabat.
Pl. 148 va. das man dann meint zu einem nachgelegnen krieg gantz garlich vnnd dienstlich sein.

— quis igitur hoc idem negabit illis evenire?
Pl. 248 rc. wer wolt auch eben diss nit glauben denen zů begegnen?

— quantum satis praesidii putabat esse.
Hd. 26 vc. So vil als er vermeint zů beschyrmung gnůgsam sein.

Selten finden wir bei Boner da einen Acc. c. Inf. wo er in der lateinischen Vorlage nicht steht.

— eundemque magicae artis repertorem pugna oppressum interfecit.
P. O. 10 ra. den man sagt die schwartzkunst erfunden haben.

— cum dignum ducerent
Pl. 39 ra. wiewol sie meinten billich sein.

Wo die Wiedergabe mehrerer lateinischer Acc. c. Inf. im Deutschen unerträglich wäre, verbindet Boner gerne Acc. c. Inf. mit „dass"-Sätzen, z. B.:

— quapropter ingens transiturum illac exercitum formido tenebat sperantem summa juga teneri jam ab hoste nullosque non obstructos exitus ad se prohibendos.

Hd. 65 rc. .... wan si vermeinten, die berg und clausen von den feinden in hut gehalten sein, vnd daz all weg dadurch man zu jhnen kommen möcht von jnen verspert vnd verleget weren.

Überhaupt versucht es Boner manchmal zu Gunsten eines besseren deutschen Stiles, sich dem Einfluss dieser lateinischen Construction zu entziehen und an deren Stelle „dass"- oder „wie"-Sätze zu bringen, z. B.:

— nunquam enim tot Romanorum milia simul in armis exstitisse ac tam novos sacrorum ritus factos memoriae proditum est.

Pl. 148 va. wann es waren vorhin nie so viel tausendt Römer mit jhrem harnisch und gewer gemustert und in rüstung, auch hat man vor nie so viel neuwer gebrauch in dem opfferen gesehen.

— ferunt Hortensium causidicum et Sisennam historicum ex joco quodam in rem seriam ut fit plerumque conversos.

Pl. 325 rb. man sagt *wie* Hortensius ein hocherfarner der Rechten vnd Lucius Sisenna der Römisch orator vnd geschichtschreiber ausz einer schimpflichen (wie dann sich gewonlich begibt) mit dem gedachten Lucullo (noch als einem jüngling) in ein ernstlich red vnd gespräch kommen.

Auch die Construction des Nomin. c. Inf. bei „videtur" wird von Boner ins Deutsche hinübergenommen. Die häufigste Übersetzung des videtur ist „gesehen wird" mit dem bezeichneten oder auch unbezeichneten Infinitiv. So finden wir:

— Galli, qui maxime Romanis terrori esse videntur.

Pl. 148 va. die den Rhômern ein grosser schrecken ze sein gesehen werden.

— loci propinquitas et Gallorum dignitas qui maxime Romanis terrori esse videntur.

Pl. 149 va. darzů von wegen der Gallier rům und namen, der den Rhômern ein grosser schrecken ze sein gesehen ward.

— idem pati manifeste videntur.

Pl. 248 rc. vnd werden offenbarlich gesehen, eben das zu leiden.

Einmal findet sich diese Construction mit Prolepsis des Subjects und nachfolgendem „dass"-Satz:

— fluvius qui per picoenum agrum labitur cruore fluxisse visus est.

Pl. 148 vb. daselbs ist gesehen worden das wasser das durch die Picenerlandschafft lauft, *dass* es gantz bluttig geflossen.

Diese Beispiele mögen genügen, um nachzuweisen, dass die besprochenen, ganz undeutschen Constructionen lediglich unter dem Einfluss des Lateinischen zu Stande kommen konnten.

Ganz selbständig und den Anforderungen der deutschen Sprache gemäss behandelt Boner die lateinischen Participial-Constructionen, und darin überragt er die meisten damaligen Übersetzer, welche auch hier öfters der lat. Vorlage sclavisch unterworfen sind. Selten nur finden wir bei ihm das Bestreben, die deutsche Construction der lateinischen auf Kosten der Klarheit anzupassen. Eine kleine Sammlung von Beispielen mag ein Bild Bonerscher Gewandtheit geben, die sich gerade in diesen syntactischen Eigentümlichkeiten zeigt.

Den lat. ablativus absol. gibt Boner beinahe regelmässig in geschickter und einfacher Auflösung wieder:

— principio a Romanis parta victoria nunc acceptis cladibus decertatum est.

Pl. 149 vb. inn disem krieg ist im anfang dermassen gestritten worden, das jetzt die Rômer gesigt vnd dann grossen schaden von den feinden empfangen haben.

— perturbato vehementer animo

Hd. 25 va. da hat er (scil. Niger) in seinem gemüth grosse vnd hefftige betrübnuss empfangen.

Einmal nur erinnert das Deutsche an die lat. Construction in

— Asiā subjectā

U. 11 ra. *mitt* vnd *nach* vberwunden Asien.

Ebenso werden die übrigen lat. Participialsätze in geschickter Weise teils, wo es angeht, durch Substantiva, teils durch Temporal- und andere Sätze wiedergegeben:

— congruum sumentes initium

Pl. 38 vb. mit annehmung eines töglichen anfangs.

— nihil tale expectans

Hd. 25 va. Wyder sein hoffnung.

— redeunti igitur ac multa referenti spolia non processit populus.

Pl. 148 vc. da er (Flaminius) nun wieder gen Rom kommen vnd vil raup vnd peüt mit ihm geführt, ist jhm doch gar niemans zu ehren entgegen zogen.

— receptas Flaminius litteras non prius aperuit quam . . .

Pl. 148 vc. diese brieff hat der burgermeister Fl. empfangen vnd doch nit eh auff thûn noch lesen wôllen . . .

— emanavitque adversus eos (scil. nobiles) rumor in civitatem ut jam antea regnum graviter molesteque ferentes volentesque principatum in se transferre regem interemerint.
Pl. 38 vc. vnd gieng gar ein bös geschrey in der stat über sie auss als über die hievor an der regierung Romuli ein verdruss gehept und *in willen* das künigreich und herschung auff sich selbs zewenden.

— id graviter ferens Marcellus hominis facinus senatui renuntiat
Pl. 148 rc. das jhn dann gantz hefftig verdrossen, darumb ehr dem Rômischen radt von ihm klagt vnd fürbracht.

Wir müssen nun noch eine syntactische Eigentümlichkeit erwähnen, die nicht unter dem Einfluss des Lateinischen entstanden ist; sie ist im 15. und 16. Jahrhundert ziemlich, ganz besonders aber bei Boner verbreitet: die ἀπὸ κοινοῦ-Stellung, vorzugsweise des Verbi, seltener anderer Wortklassen. So finden wir, um nur wenige Beispiele anzuführen:

— H. 100 va. yhe zu letst als jm der künig nicht abston / *wolt* ehr sich auch nicht weyther sperren vn thått, wie der künig begert.

— H. 100 vc. vñ so es mich darinn verachten *wurd* es mich on zweyfel in meinen klaidern auch verachten.

— H. 128 va. als er (scil. Xerxes) zu jn kam / vnnd inn sein künigklichen stuol *satzt* er vmb sich, aller die er berüffen lassen einer jeden nation vñ jedes Lands Herr.

— Pl. 93 va. da aber die inn der innsel Euboea sahen, das die Griechen mitt jhren schiffen abweichen wolten, da sorgten, *sie* würden den feinden ubergeben.

— Hd. 2 vc. nachdem nun das geschrey seines tods ausz, *kam* so ein vnglaublich schnelles weinen in das heer.

— X. 2 rc. so bald der tag an, *gadt* man auff die plätz.

Manchmal passt das ἀπὸ κοινοῦ gestellte Verbum der Form nach nur zum zweiten Teile des Satzes, z. B.:

— Pl. 82 rb. die handt erlangt das man fünff man verordnen, die *solten* jn allen dingen der gemeinen nutz vnd frommen bedencken.

Boners Sprache.

Um die Sprache der Bonerschen Übersetzungen beurteilen zu können, genügen uns die vorhandenen aus viererlei Officinen hervorgegangenen Drucke keineswegs. Es ist bekannt, dass sich schon gegen das Ende des 15. Jahrhunderts an den bedeutenderen Druckorten Deutschlands das Streben, eine Einheitlichkeit auf sprachlichem Gebiet zu begründen, sehr bemerkbar machte. So ist es erklärlich, dass die sprachlichen Eigentümlichkeiten der aus dialectisch so verschiedenen Provinzen Deutschlands einlaufenden Manuscripte nur in geringem Masse gewahrt wurden. Die Sprachregeln, nach denen man beim Druck verfuhr, waren nun allerdings nichts weniger als feststehend; und was die Orthographie anlangt, so herrschte hier dieselbe Unordnung, wie in den Handschriften. — Das Hauptcharakteristikum der Drucke den Handschriften gegenüber ist der ausgesprochen neuhochdeutsche Standpunkt, den jene einnehmen.

Dieses Verhältnis lässt sich bei Boner, wenn nicht immer im einzelnen, so doch im grossen und ganzen bequem nachweisen, da wir, wie schon erwähnt, eine kleine Sammlung von Briefen seiner Hand besitzen. Auch der Umstand ist uns günstig, dass eine seiner Übersetzungen, der Plutarch, in Drucken von Augsburg, Colmar und Strassburg zur Vergleichung vorliegt. Von diesen ist die Augsburger Ausgabe die wichtigste, denn es ist festgestellt, dass die „Augsburger Sprache“ den nachhaltigsten Einfluss namentlich auf die alemannischen Gebiete ausgeübt hat*. So bewahrt der Colmarer Druck des „Plutarch“

* Karl von Bahder: Grundlagen des neuhochdeutschen Lautsystems. Strassburg 1890. p. 17.

die durchgreifenden charakteristischen Änderungen, welche von der Augsburger Officin an der Handschriftensprache vorgenommen worden sind und bietet lediglich orthographische Abweichungen. Wir finden im Augsb. Druck (A) ai = mhd. ei (seltener = mhd. î) sehr häufig verwandt, während die Colm. Ausg. (C) beinahe durchgehend ei, ey bringt (ei, ey scheint in A da aufzutreten, wo es für mhd. î steht; doch soll damit keine Regel aufgestellt sein); ferner ist die Verwendung von e als Zeichen des Umlauts in A noch eine beinahe durchgehende, während C schon häufiger å, ä benützt. Der Gebrauch des h als Dehnungszeichen ist in A ein sehr seltener, in C ausgedehnter. Was die Differenzirung von b u. p, d u. t betrifft, so lässt sich ein Verhältnis zwischen den beiden Drucken nicht herausfinden: beide verfahren, wie unten noch nachgewiesen werden soll, ziemlich regellos. — Sonst stimmen die beiden Ausgaben, wenn auch, bei dem oft vollständigen Mangel an Principien, nicht immer im einzelnen Falle, an derselben Stelle, so doch im allgemeinen überein. — Der Strassburger „Plutarch“ (Augustin Friess) ist ein bis auf seltene, geringfügige Abweichungen genauer Abdruck von C. — Dem mhd. Sprachgebrauch und somit den Hss. bedeutend näher steht die Berner Ausgabe der „Ungarischen Chronik“; dieselbe wird, wo es nötig ist, von uns besonders berücksichtigt und citiert werden.

Bei der nun folgenden Betrachtung der Bonerschen Sprache geben wir eine ausführliche Darstellung des Lautstandes, wie er uns in den Handschriften und Drucken entgegentritt. Allgemeiner können Declination und Flexion berührt werden, da sie nur sehr wenige Eigentümlichkeiten bieten und noch fast vollständig dem mhd. Gebrauch entsprechen. —

Bem. Unserer Untersuchung haben wir in erster Linie, abgesehen von dem handschriftlichen Material, die 1534 zu Augsburg erschienene Ausgabe des Plutarch zu Grunde gelegt; doch sind auch die übrigen Übersetzungen Boners teilweise berücksichtigt worden. — Die Beispiele, welche den Briefen entnommen sind, mussten natürlich ohne genauere Angabe der Stelle bleiben; die Citate ohne weitere Angabe als Seitenzahl, gehören selbstverständlich obigem „Plutarch“ an. —

I. Vocalismus.

A. Einfache Vocale.

mhd. a.

1. ist im allgemeinen in den Hss. und Drucken gewahrt, namentlich da, wo mhd. Umlaut eintritt; z. B.:
   Hss.: gesmackt. — namlich. —
   Drucke: 1 rc. vnzalbar. — 2 rc. geschmackt (durchweg so). — 6 rc. schamen. — 9 rc. bewaltigen. — 64 va. schantlich. — 66 vb. lasterlich. — 68 rc. angstig. — 99 va. einfaltig. — 111 ra. dantzer. — 129 vb. samptlich. —
2. wird e (im übermässigen Umlaut).
   Hss. nur: angefengt. —
   Drucke vereinzelt: Plut. 12 rb. vrsecher (sing.) — 92 ra. widersecher. — J. 67 rc. gemâch. —
3. wird o. In den Hss. gar nicht, in den Drucken äusserst selten belegt: Plut. 81 ra. wilforen. — 88 rb. wolstatt. — 96 ab. ohorn. (Plut. 305 rc. „schnorcheln" ist vielleicht auf die mhd. Nebenform snurcheln zurückzuführen.)

mhd. â.

1. ist in den Hss. und Drucken oft bewahrt: Hss. jamerlich. — nachmittag. — lassen. — Drucke: gan. — gethan. — verstan u. s. w.
2. dagegen herrscht sowohl in den Hss. als auch in den Drucken die neigung vor
   mhd. â zu ô zu verschieben (eine im Elsässischen stark verbreitete Erscheinung).
   Hss.: nohe. — doselbs. — lossen. — bedocht. — mol. — worheit. — befrogt. — ston. — obend. — landgrof (häufiger jedoch graff). — empfohen. — dermossen. — spot. —
   Drucke: 2 ra. gethon (häufigere Form). — 5 ra. ston. — 7 rb. vnderloss. — 89 ra. somen. — Plut. 4 vc. vollprocht. — 12 va. dermossen. — 15 va. won (mhd. wân). — 22 va. verdocht. — 82 vb. spot. — P O. 9 vb. nachgon. — U. 2 vb. woffen. — 3 va. anfohen. — 8 rc. blossbalck. — 11 va. gewopnet. —
   Äusserst selten ist die Länge des Vocals bezeichnet: 109 rc. gahn. — Chr. 7 va. gohn. —

mhd. æ.

1. wo es gewahrt ist, wird es mit e bezeichnet: 70 ra. argkwenig. — Beinahe stets gewahrt in dem Suffix -ber (mhd. -bære): 100 ra. erber, erberkeit.

2. = å (elsässisch).
   Hss.: furnam — Swabisch (daneben auch Swebisch). — vnderthanigkeit.
   Drucke: 109 rb. schmalich. —

mhd. e.

1. in den Hss. beinahe durchgehend wie mhd. Zeichen des a-Umlauts, selten treffen wir ä: beschädigungen, gnädig. —
   Über den Gebrauch von e, ä, å, in den Drucken cf. pag. 57.
   Häufig ist das mhd. e in den Drucken bewahrt, wo nhd. ö oder a eintreten lässt:
   19 va. schweren, zusammenschwerung. — 20 ra. leschen. — 75 rc. senft. — 111 rc. ertzeney. — 129 vb senfftmütigkeit. — 130 va. weschen. — Vereinzelt findet sich in den Drucken die Schreibung å für e: H. 3 vc. tågen. — 100 rb. våtter. — schråcken. — 105 rc. båcher. — Plut. 81 rc. åntweder. — 147 vc. sänen. — Hd. 22 ra. gewänen. — U. 6 rc. gelågen. —
2. = a (Widerstand gegen den Umlaut).
   Hss.: frafel. — sanndbrief. — am basten. — langst. —
   Drucke: 3 va. erkanntnus. — 5 vc. gesatz. — 6 ra. schancken (daneben häufig schencken). — 65 vc. anhanger. — 66 vc. sich waltzen. — Hd. 4 vb. glanzen. — Plut. 82 rb. gedancken (verb.). — 84 ra. ernampter. —
   Diese elsässische Erscheinung lässt sich auch bei Geiler von Keysersberg in grossen Mengen nachweisen. Boner bietet verhältnismässig wenig Beispiele.
3. = ő (schwäbisch). In den Hss. war einmal belegt: hörpaucker.
   Sehr häufig in den Drucken:
   1 va. hőr. — wőllicher (Hss. durchweg wellicher). — 4 va. erwőlen. — 7 ra. mőr. — 19 vc. öpfel. — 20 ra. erschrőcklich. — 52 rc. schődlich. — 52 va. gewőr. — 66 va. erstőcken. — 90 ra. der stőrckste. — 112 rb. erzőlen. —
   Alle diese Beispiele sind beinahe durchgehend in dieser Form im Gebrauch. —
4. synkopiert: in den Praefixen ge- u. be- häufig in den Hss. u. Drucken:
   Hss.: es gpurt sich. — gneigt. — eidgnosse. — ungrust. — angsicht. — bgher. — bhandet. —
   Drucke: 15 vc. gnügen. — 86 rc. tischgnosse. — 53 vb. glentz (= nhd. lenz). — 57 vc. vnbstendig. — 75 va. bschliessen. —
5. = i. Häufig in einigen Femininen der ja-Klasse.
   Hss.: würdi. — langi, lengi. — gehorsamy. —
   Drucke: 62 va. langsami. — 65 va. vnsorgsami. — 66 vc. hüli. — 72 ra. wüsti. — Plut. 382 vc. liebi. —
   Die meisten Beispiele liefert der Berner Druck.
   Diese Erscheinung ist eine alemannische; sie lässt sich auch noch jetzt im Ober-Elsass nachweisen. —

mhd ë.

1. in den Hss. beinahe stets zu a in har (sowohl Suffix als auch Praefix) = mhd. hër.
   z. B. harinn. — haruss. — sidthar. —
   Ganz selten: heruff. — vntzher.
   (Die Drucke bringen auch har, jedoch vereinzelt.)
2. in den Drucken ist es oft gewahrt: 10 ra. belegern. — 10 rb. belegerung, leger (durchweg so); manchmal findet sich mhd. ë auch mit å geschrieben: H. 2 rb. widerfåchten. — 122 rb. bråchen. — 122 vb. wålle. — Plut. 82 rc. vmblågern. —

   Für mhd. ë findet sich a ausser in „har" auch sonst vereinzelt in den Drucken: H. ded. widersprachen. — 101 va. wartz (oft so). — Plut. 107 rb. namen. — 325 ra. geschahen. —

   Weinhold Al. Gr § 112 hält diese Erscheinung nicht für elsässisch — mit Unrecht: sie lässt sich bis heute im Sundgau nachweisen. —
3. = ô Nur in den Drucken nachweislich und auch hier sehr vereinzelt:
   13 vc. gestôppt. — 116 rc. ôben. — U. 2 rc. bôr. —

   Beinahe durchgehend ô in wôllen. Diese Form findet sich jedoch schon häufig im Mhd. —
4. = o. Nur einmal nachweislich: 70 rc. spor (vielleicht Druckfehler?).

mhd. ê.

1. ist im allgemeinen gewahrt in den Hss. und Drucken. Selten jedoch ist die Länge bezeichnet: gescheen.
   Bemerkenswert ist: Hss. mentag.
2. = a. In den Hss. nur, aber durchweg in gan (= gegen) belegt. Die Drucke setzen dafür gen. —
3. = ô. Die Hss. bieten nur ein Beispiel: flôlich. —

mhd. i.

1. gewahrt in den Hss. und Drucken: durchgehend im Part. prt. der Verba der I-Klasse:
   z. B. gewisen, erschynnen, gebliben. —

   Ferner in fride, prinnen und vor r, wo nhd. ü eintritt in 4 va. wirde (daneben, doch selten, würde). — U. 153 va. vnwirdig. — Erhalten ist mhd. i ferner in der altertümlichen Superlativendug -ist.

   Die Hss. liefern keine Beispiele, dagegen die Drucke in grosser Menge; z. B.
   82 ra. scherpffist. — 82 vb. eltist. — 85 rc. vorderist. — 100 ra. obrist. — 100 vb. am ferristen. — 129 vb. weiszist. — 130 va. allerscherpffist. — 131 ra. treflichist u. a. m. —
2. = ü. Hss.: erwünden. — gesünnen. — rütter. — ützt (mhd. ihtes). — süben. —

   Häufig in den Drucken: 1 vc. vnderwünden. — 8 rb. gebürge. — 13 va. kündisch. — 14 vc. augenplück. — 16 rc. vermüschen. —

50 vc. beflüssen (p. p.). — 56 rb. prütsche. — 89 rb. erfünden. — 105 ra. gesünde. — 105 rb. vnwürsch. — 116 rc. langkwürig. — P. O. 10 vc. anspüwen. — Plut. 102 rb. gewünnen. — 103 vc. nümmer. — H. 6 rb. früsch. — 124 rc. fünster. — Plut. 81 va. begürde. — 89 va. grümblich. — U. 2 va. trünckgeschirr.

Vor nd ist diese Erscheinung beinahe regelmässig. Sie ist nicht spec. elsässisch, findet sich aber bei elsässischen Schriftstellern, namentlich bei Closener, sehr häufig. —

mhd. î.

1. geblieben, und zwar beinahe durchgehend in den Hss. Die Bezeichnung wechselt zwischen i und y.

z. B. wysz. — myn. — alzyt. — glych. — swygend. — vynd. — bewysen. — syden. — fryheitt. — richstag. — derglichen schriben. — latinisch. — (Mit folgender Doppelconsonanz) zytt. — fryttag. — vlyssig. — langwillig. —

In dem Präfix in-: ingelegt. — inkeren. —

In den Drucken ist mhd. î gewahrt: *a*) in der Diminutivsilbe -lin: 10 rb. waldmånlin. — 11 vb. sunlin. — 59 rb. helmlin. — 63 vc. hüttlin. — heüsslin. — 66 ra. steinlin. — 68 rc. scheflin. — 70 vc. wappenrǒcklin. — 89 va. tischlin. — 68 vb. strichlin. —

Manchmal fällt das n ab: 66 vc. vǒlckli. — 68 ra. kindli. — streymli. — U. 226 rc. bessli. —

Einige Male tritt -le statt -lin auf: 27 va. fenle. — 109 va. würtzele. —

b) im Praefix -in (doch selten):
66 ra. inschiessen. — 109 rc. ingedenck. — (Mit Doppelconsonanz) 19 vc. innheben. —

c) vereinzelt:
11 va. erdtrich. — 15 rc. schwygend. — 56 va. lys. — 58 ra. jhensid. — 69 ra. gysel. — 82 ra. beschriben. —

d) häufig in dem Stoffsuffix -in:
50 rb. marmelstainnin. — 54 rb. guldin. — 54 rc. seydin. — 58 rc. erin. — kupfferin. — 53 vc. hültzin. — 104 vc. silberin. —

(Selten tritt dafür „-en“ ein: 55 vc. seyden.)

2. = nhd. ei. In den Hss. noch seltener (meistens erst in den Briefen von 1540 u. 41):

abreitten. — weisz. — lateinisch. — sein. — fleissig. — mein. — schreyben (Subst.), vszschreyben (V.). —

In den Drucken ist, mit Ausnahme der gegebenen Beispiele, durchweg nhd. ei eingetreten.

(Über die Schreibung ai, ay cf. pag. 57.)

Der Berner Druck jedoch steht hier noch sehr auf mhd. Standpunkt — î u. ei wechseln zu annähernd gleichen Teilen.

3 = u. Nur in den Hss. zweimal belegt: verluhen. — verluhung. —
4. = ü. In den Drucken: 11 va. verlühen. — 106 rc. anschrüben. —
5. = eu. Vereinzelt: 18 rc. gepreuset. — 105 vb. leuch. — 107 va. leuchtfertig. — 117 rc. seüdin. —

mhd. o.

1. im allgemeinen in den Hss. und Drucken gewahrt: hoflichayt. — hofflich. — forcht. — forchtsam etc.
2. = u. (Vor folgendem m, mm): nachkume. — kumen, kummen. — genummen. —
3. = ŏ. Nur selten belegt: 82 vc. prösamlin. — Hd. 4 vb. ŏbrist. — Plut. 81 rc. ŏbristenmeister. — H. 125 vc. hŏnig. — J. 57 vc. ermŏrdern. —

mhd. ô.

1. durchgehend in den Hss. und Drucken gewahrt: osterrichisch land. — verhoren. — (Mit folgender Doppelcons.) nottig. —
2. = au (aw). Einmal: 63 ra. straw. —

mhd. œ.

1. meistens gewahrt und mit ŏ, ö bezeichnet. In 7 rc. auflesen. — 51 va. emperung. — 100 ra. schned — scheint das e blos eine graphische Eigentümlichkeit zu sein, welche sich dem lebendigen Sprachgebrauch anpasste. Noch heute wird ö und œ in der Mundart wie e gesprochen.
2. zu o (Widerstand gegen den Umlaut). Einmal: 111 vc. betoren. —

mhd. u.

1. gewahrt, in den Hss. durchweg in der Praep. vber, ferner in: beduncken. — sunst. — mittwuch. — jungst. — ungvnst. — uffschurzen. — furdern. — fruntschaft. — rustung. — verrugt. — vbel. — wunschen. —

   In den Drucken bleibt mhd. u durchweg in der Praep. „uber“ (C dagegen bringt häufig über —). Ferner in:

   3 ra. sun (durchweg so). — 50 rc. frumb. — 51 vc. frumbkait. — 82 rc. abkundterfayen. — 82 vc. stupfflen. — 99 vc. junger. —
2. = nhd. o (vor Nasalen und Consonanten Verbindungen mit Nasalen). —

   Hss.: sonnders (beinahe immer in dieser Form). — sonnderlich. —

   Über den nhd. Sprachgebrauch hinaus: khomerlich. — hondert. — gonnen. — vergonnen. — gesontheit. — somma. — bekompert. —

   Die Drucke bieten noch häufig: sunderbarlich, sunst (C öfters sonst). — Verschiebung nach o, wo nhd. u bewahrt, haben wir in 12 ra. thornir. — 19 vc. kombern. — 90 ra. armbrost. —

H. 11 rb. somme (vielleicht franz. Einfluss). — Hd. 7 vc. geroch. — H. 68 rc. gonnen. — Plut. 105 rb. bedorffen. — U. 2 vc. wonderbarlich. —

Diese mitteldeutsche Erscheinung ist in der elsässischen Litteratur stark vertreten. Seb. Münster und Fischart liefern eine Menge Beispiele (cf. Weinhold § 116).

3. = ů (ü). Hss.: günst. — münd. — unschüld. — lütterisch. — befünden (p. p.). — entschüldigen. — gesüntheit. — stünd. — süst. — sünndern. — nü. — In dem Suffix -nüng: hofnüng. — meinüng. —

Drucke: 13 ra. absündern. — 112 rc. kürtzweilig. — Plut. 81 vc. schüldner. — 83 vb. müsterung. — 90 va. Nüme (Nom. pr.). — 148 vc. pünisch. — 328 vc. aushüngern. — U. 2 rc. vnfürthsam. — 5 vb. verpünden (P. p.).

Diese Neigung, u zu ü zu trüben, ist elsässisch, cf. Weinhold § 119. —

mhd. ü.

1. in den Hss. zeigt sich in einigen Wörtern ein Widerstand gegen den u-Umlaut, so namentlich in der Part. „für“: furnem. — furtrag, furhalten. — furnemen. — Und sonst: gunstig. — furst. — gluckhafft. — kunig. — kunigklich. —

In den Drucken ist mhd. ü häufig gewahrt. Durchgehend in der Praep. vür. — Ferner:

2 rb. künig (könig kommt noch nicht vor). — 4 ra. fürdern. — 7 vc. hauptküssen. — 17 rb. günner. — 57 ra. hüle. — 113 ra. füllerey. — 121 va. trücknen. —

Die Abneigung gegen den u-Umlaut ist in den Drucken seltener: 21 va. kussen (daneben jedoch auch küssen). — 23 vc. betrugelich. — 129 vc. nutzlich. — P. O. 5 rb. kurtzlich. — Chr. 2 rc. kunig (mhd.). — U. 3 rc. kunigklich. — H. 127 vc. vbrig. —

2. = i. In den Hss. nur einmal belegt: mintzgenossen.

Etwas häufiger in den Drucken: 57 vc. girten. — 148 rc. zichtiger. — H. 5 rc. schitten. — 54 va. kinig. — U. 3 rc. kinigin. — Hd. risten. — Plut. 148 rb. erwirken (= erwürgen). —

Weinhold § 115 glaubt, dass diese Erscheinung auf einer nachlässigen Aussprache des ü beruht. Sie ist jedenfalls in der lebendigen Mundart eine sehr häufige. —

mhd. û.

1. in den Hss. noch vielfach bewahrt: durchgehend in der Praep. uf. — Ferner in:

missbruch. — grusam. — tusent. — behusung. — pruchen. — (Mit folgender Doppelconsonanz) daruff. — lutt. —

Auch die Drucke (am häufigsten der Berner Druck) bringen noch öfter u: gebrucht, bur, suber. —

2. in den Drucken beinahe consequent zu nhd. au (aw, auw), z. B.: bauch. — darauff. — darausz. — tausend. — vertrawen. —
3. = ü. In den Hss. sowohl wie in den Drucken sehr selten: trürig. — versümpt. — Plut. 4 vc. rüch. —

mhd. iu.

1. die Hss. bewahren es noch häufig; die Schreibung ist ü: nüwer. — hüt. — nün. — u. a.

Auch Drucke haben vielfach ů: 153 vb. nůwerung. — hauptlůt (durchgehend in lůt). — 78 ra. lůmde. —

Am meisten Beispiele liefert der Berner Druck: früntschafft. — thür. — stür. — hülen. — hüne. — hůt. — kůsch. —

2. = nhd. eu. In den Hss. ausschliesslich in den Pron. euch. — euwer. —

Bei den Drucken ist nhd. eu Regel. Die Schreibung ist: ew̆, eü, eu: few̆rener (C feuriner) stral. — freünd. — freuntlich. — gerew̆en. —

3. = ey, ei, ai. Beispiele liefern nur die Drucke, jedoch selten: 50 rb. seyl. — Plut. 329 vb. seile. — 70 rc. fraind. — 89 ra. leytte. —
4. = u. Nur in den Hss.: tufel. — tutsch. — gezuge. — (Mit folgender Doppelconsonanz) lutt. —

B. Diphthonge.

mhd. ei.

1. im allgemeinen in den Hss. und Drucken gewahrt. Über die Schreibung ai cf. p. 57.
2. = oi. Hss.: antzoigen, zoigen (durchweg in dieser Form). — verzoichnen. —

Diese Erscheinung ist in den Drucken nicht nachweisbar. Weinhold § 138 gibt Belege aus elsässischen Schriften des 14., 15. und 16. Jahrhunderts.

mhd. uo.

1. ist in den Hss. im allgemeinen zu u monophthongiert.

Die Drucke deuten den alten Diphthongen meistens durch ein über das u gesetztes o (ů); der Berner Druck bringt häufig ů. — In andern, selteneren Fällen tritt v ein.

10 va. růwen. — 51 ra. zwů. — 60 rc. auffrůwrig. — 61 rc. berůffen. — 63 vc. můrecht. — 129 rb. grůnend. —

2. = ü. Hss.: durchgehend in zü (= mhd. zuo). züschicken. — züreitten. —

Ferner in: vermütten. — thün. — anrüfen. — müsse (= mhd. muoze). — vermüttlich. — berüffen. — anmüttig. — ungütt. — gesücht. — unrüwe. — füg (= mhd. vuoc). —

Die Drucke: 3 rb. vnrüwig. — 10 va. rüwig. — 113 va. sechsrüderig. — 116 ra. hüt. — U. 226 ra. mütter. — 2 va. verflücht. — 5 va. güt. — Plut. 13 vc. brüder (Sing.). — 102 vb. gerüchen. — H. 127 vc. gnüg. —

3. = e. In den Drucken beinahe durchgehend in ze vor dem Infinitiv: ze thůnde. — ze gonde, ze triben. —

mhd. üe.

1. in den Drucken und Hss. meist = nhd. ü̈, (ů): tüchin. — fügen. — gemüt. — fůgen. — ungestůmb. — wüttend. — gůtig. —
2. = u. Sehr selten: Hss. volfuren. — Drucke: 56 ra. vngestumigkeit. —
3. = ie (elsässisch). Hss.: gemiett. —

   Drucke: 82 vc. brieffen (mehrmals belegt). — H. 56 vc. wiesty. —

mhd. ou.

1. in den Hss. noch meistens in der Form ou gewahrt, jedoch kommt die Schreibung au auch vor:

   ouch. — ougen. — glouben. — louffen. —

   In A u. C ist ou vollständig geschwunden und durch au (aw) ersetzt: 8 ra. anschawen. — 10 ac. gebawen (andere Stelle: baumeister). —

   Gewahrt, wo nhd. äu eintritt:

   10 rb. traumen. — 57 rb. saumen. —

   Der Berner Druck bewahrt noch häufig die Schreibung ou.
2. = oi. Nur einmal belegt: Hss. verloignet. —

mhd. öu.

1. in den Hss. nicht belegt.

   Die Drucke (mit Ausnahme des Berner Drucks, welcher öu vielfach bewahrt hat) setzen an seine Stelle äu, eu, selten ów.
2. = oi. Selten, und nur in den Hss. nachweisbar:

   loiffe (Pl.). — froiwen. — gloiblich. —
3. = ey, ei (els.). Nur in den Drucken: 53 vc. beyme. — gleiblich (häufig in dieser Form). —

II. Consonantismus.

mhd. b.

1. dasselbe wird in den Hss. und Drucken bald gewahrt, bald wird es zur tonlosen Explosiva, ohne dass eine Gesetzmässigkeit ersichtlich wäre. Vielmehr herrscht hier eine graphische Willkürlichkeit, die ihren Grund wohl in der Unbestimmtheit der lebendigen Aussprache hat: es wurde eben weder ein reines b, noch ein reines p, sondern ein zwischen beiden liegender Laut gesprochen.

Eine gewisse Regel liesse sich vielleicht nur darin erkennen, dass in Verbindung mit l und r p den Vorzug erhält: solche Wörter, die p in dieser Verbindung äusserst häufig zeigen, sind:

pringen. — pruchen. — plůst. — plyben. — plüttig. — plitz. — prennen. — prust. — ploss. — prechen. — pruck. — plŏd. — plůme. — praitten. — plasen. — prantschatzen. — plintheit. —

Dagegen finden wir b in:

H. 163 ra. brayt. — bruck. — bretter. — 105 ra. brauchen. — Plut. 96 ra. bringen. —

Häufig finden wir p statt b inlautend in Verbindung mit s oder t, ohne dass sich jedoch auch hier eine Consequenz nachweisen liesse:

Plut. 1 vb. gehept (überwiegend so). — Hd. 8 ra. geliept. — Plut. 81 ra. beraupt. — 103 rc. gelüpt. — H. 2 vc. hüpsch. —

2. gewahrt nach m im Inlaut durchgehend in den Wörtern:

kumbern. — kumberlich. — krumb. — krümben. —

(Häufig tritt ein b nach m an den Auslaut, wo das Mhd. keines aufweist: 7 rb. vngestůmb. — 8 va. reichtumb (stets in der Endung -tumb). — 50 rc. frumb. — 60 rb. fürnemb. — Häufig ist das unechte b nach m vor dem t der Endung: 10 rb· getraumbt. — 19 ra. gezimbt. — 50 vc. gebeumbt. — 57 ra. gezembt. — gesaumbt. — 65 rc. bestymbt. — Dieses b wird oft zu p: 10 rc. gewermpt. — 10 vb. gestürmpt. — 21 vc. verdampt. — 52 rb. geschampt. —)

3. das b in dem häufig belegten melb = mhd. mël, gen. mëlwes ist aus dem Casus -w entstanden. —

mhd. d und *t.*

1. auch hier herrscht dieselbe Willkürlichkeit wie bei b u. p. Für den Inlaut können wir einigermassen den mhd. Standpunkt feststellen. Im Anlaut jedoch wechseln d und t regellos So finden wir: tringen u. dringen. — thänen u. denen. — dhon u. ton. —

Häufiger d statt ächtem t in:

drincken. — erdrencken. — dretten (beinahe durchgehend). — dochter. — dåglich. — döppich. — verdilcken. — dief. — dantzer. — dartsche. —

2. Apokope des d tritt ein in Plut. 86 rc. aben. —

mhd. g.

Im Anlaut ist es in den Hss. und Drucken durchweg gewahrt.

Im Inlaut begegnen wir häufig der eigentümlichen Verbindung gk. Sie tritt auf meist vor dem Suffix -lich sowie in der Verbindung mit n:

Hss.: fügklich. — kunigklich. — gnedigklich. — mogklich. — mengklich. — anfengklich. —

Drucke: 51 vc. yegklich. — 62 ra. verzagklich. — 65 vc. sorgklich. — 66 va. süssigklich. — 87 ac. bezeugknus. — 7 va. vberschwengklich. — 110 vb. jungkfrawe. — 50 vc. gefengknus. — 106 vb. langksam. —
Seltener sonst: 16 rb. argkwon. — 57 vc. sigk. —

mhd. k.

1. im Inlaut meist rein bewahrt. — Nach n tritt in den Hss. und, besonders häufig, in den Drucken gern Verdoppelung (ck) ein: bedencken. — lencken. — trincken. — gedanck. — wincken u. a. m.
2. im Anlaut wird k einige Male aspiriert:
   Hss.: khamer. — erkhennen. — khomen. —
   Drucke: 8 ra. khomen (häufig). - 63 rb. khaum. — khomerlich. - Plut. 148 va. bekhümmern. —
3. = ch. Nur einmal belegt: Hss. chrafft. —
4. = g. Im Inlaut vor t: Hss. verrugt; in den Drucken nicht nachzuweisen. —
5. = gk. Hss.: gesmagkt. - vermergkt. —
   Drucke: 13 vb. lingk. — 87 ra. glügklich. — 99 vb. prugk. — U. 12 va. vermergken. — geschigkt. —

mhd. s.

1. in den Hss. ist es meistens gewahrt vor l, m, n, w: z. B.:
   beswerden. — radtslagen. — besliessen. — smach. - swager. —
   Dagegen findet sich auch schon sch: schnöd — entschlossen. —
   Die Drucke haben ohne Ausnahme schl, schm, schn, schw. -
2. als Zeichen des Genitivs wird es nach t zu z, sowohl in den Hss. als in den Drucken:
   des gemütz. — geltz. -- nichtz. — inhaltz. — streitz etc.
3. elsässisch ist ein zweimal belegtes sch nach t: Hss. zü letscht. — 112 va. froscht. —
4. mhd. st ist einmal gewahrt, wo nhd. ss eintritt: 115 vc. brasteln. —

Allgemeine Bemerkungen
über den Gebrauch der einfachen und doppelten Consonanten.

n findet sich in den Hss. und Drucken beinahe durchweg vor
1. d verdoppelt: henndel, vnnd, sonnders, annder, vnnder, schannd, — in der Partic.-Endung -end: ligennd, slafennde etc.
2. in der Praep. inn.
3. häufig in der (namentlich Infinitiv-) Endung en.

Einfach steht n beinahe durchweg vor t:
konte, nante, prante. —

gewiss elsässische Bildung, vor. Diese Form hat sich in den Drucken beinahe durchweg gehalten.

„tun" bewahrt, so weit es belegt ist, die mhd. Formen. Bemerkenswert, weil dialectisch, ist der 106 ra belegte Imperat. Sing. thun. Derselbe findet sich, wie Weinhold § 354 nachweist, auch sonst in elsässischen Quellen. —

Von den Praeterito-Praesentien sind „wissen" und „können" zu erwähnen. Ersteres hat durchweg mhd. Formen (In den Hss. und Drucken): weisz, wissen, — wisste — gewisst. „können" ist in den Hss. belegt mit: khondt (3. S. Co. Pl), kom (3. S. Co. Praes.).

In den Drucken finden wir: 1 S. Pl. I. kundt (= mhd.), 3. Pl. Pt. I. kundten (= mhd.), Co. Pl. 3. S. künde. künd, 1. Pl. künden. —

Von gân und stân sind belegt:

Hss.: Inf. gan, gon: stan, ston. — Flectiert: ze gonde.

Praes. I. 1. stand
3. stat } (= mhd.).

Co. stannd.

Pl. I. gang (daneben ging). — stund.

Die Drucke haben: (meistens) gon (daneben gen, sehr selten gehen). Flect. ze begonde.

ston (durchweg).

Praes. I. gat. — stat. Pl. I. verstund. Co. Praes. stand. —

„wollen" hat: wil, wilt. — Für die 3. S. finden wir vereinzelt wilt. Pl. wöllen. Inf. wöllen. Pl. wolt.

„dürfen" ist belegt mit: dörffen, dorffte (seltener dörffte). P. P. gedorfft.

Declination des Nomens. Auch hier mögen einige Andeutungen genügen.

Wir finden in den Hss. und Drucken bei den Stämmen der A- und I-Klasse die Neigung, im Nom. und Acc. Sing. ein unächtes e anzuhängen, stark ausgebildet:

sune. — künigreiche. — winde. — hôre. — vorhoffe. — lobe. — schlage. — morde. —

Dagegen wird das Casus-e des lat. Sing. meistens abgeworfen:

tag. — gesicht. — eim (= mhd. eineme, eime). —

Flexionslos, wie auch im mhd. sind beinahe durchgehend der Nom. und Acc. Plur.: tag. — freund. — sein. — etc., sowie auch der Gen. Plur.: der feind. — der burgermeisterthumb. — Der Dat. Plur. hat, wie mhd. hinter kurzen Silben nach r und l stets blosses -n: urteiln, kiln, môrn. — Der Nom. und Acc. Plur. der Neutra sind wie mhd. flexionslos: die wort. — die kind. — die gesicht. —

Einfluss der consonantischen (-n) Declination zeigt sich N. S. U. 3 ra. gestaden. — D. S. Hd. 4 vb. stammen. — A. S. Hd. 5 rc. dolchen. — N. Pl. Plut. Rŏmern. — Gen. Pl. 65 vc. gesatzen.

Die Feminine der A-Klasse werfen consequent in allen Casus des Sing. das Flexions-e ab. Im Plural ist durchgehend die consonantische Declination eingetreten. — Bei den Femininen der I-Klasse zeigt sich in ausgedehntem Masse eine Ausgleichung mit der A-Klasse der Masc. und Neut., indem im Nom. und Acc. Sing. ein unechtes e antritt: gunste. — kunste. — zite. — Eine Ausnahme machen durchweg die Fem. auf — schaft. —

Pronominale Declination. Für das Personalpronomen haben wir in den Hss. und Drucken belegt:

1. P. ich, Dat. mir (mire selten). — wir, unser, uns. — 2. P. du, dir (dire), dich. — ir, ihr; euch. 3. P. er sie sy, es. — im ihm ime (häufig); ir ihr iro; in ine; si, sie. — Plur. sie, Gen. iree (ir selten) in inen. — Das Reflexivum ist noch nicht durchgehend im Gebrauch: neben Dat. Acc. sich finden wir häufig im, in. —

Für das Demonstrativum finden wir: der die das, dass. — des, dero, der. dem (deme) der, dero. den die. — die. — der deren (äusserst selten dero). — den denen (häufig). — die.

Druckerei der „Strassburger Neuesten Nachrichten", vorm. H. L. Kayser.

Errata.

Seite 58 Zeile 5 statt *mhd* lies *nhd.*
„ 58 „ 16 „ *96 ab* „ *96 vb.*
„ 60 „ 23 ff. streiche *selten—mentag.*
„ 61 „ 3 streiche *PO. 10 vc. auspüwen.*
„ 65 „ 5 lies: *In den Drucken bleibt durchgehend ze etc.*
„ 68 „ 13 statt *Häug* lies *Häufig.*
„ 70 „ 18 und 21 statt *Pl. J.* lies *Pt. J.*
„ 71 „ 15 statt *gen. iree* lies *gen. iren.*

FSC
www.fsc.org
MIX
Papier | Fördert gute Waldnutzung
FSC® C083411

Kolibri 360 GmbH
Ferdinand-Jühlke-Straße 7
99095 Erfurt, Deutschland
produktsicherheit@kolibri360.de